变色汽车的效果 《

底片效果 《

U0310347

Premiere pro CS4
中文版应用教程

《 风景宣传动画效果

《 多面展示效果

>> 画中画广告效果

卷页效果

» 水中倒影的效果

» "径向渐变" 视频切换效果

《 沿一定方向运动的效果

《 随图片逐个出现字幕的效果

>>
配乐诗词效果

高等院校计算机规划教材·多媒体系列

Premiere Pro CS4 中文版应用教程

张　凡　韩鸿友　杨久义　等编著

设计软件教师协会 审

中国铁道出版社

CHINA RAILWAY PUBLISHING HOUSE

内 容 简 介

本书为一本实例教程。全书分为 9 章，内容包括视频剪辑的基础理论、Premiere Pro CS4 的操作基础、视频切换的应用、视频特效的应用、运动效果的应用、字幕的应用、获取和编辑音频、视频影片的输出和综合实例等内容。

本书定位准确、教学内容新颖、深度适当，在编写形式上完全按照教学规律编写，因此非常适合教学实际。本书理论和实践的比例恰当，教材、光盘互相呼应，相辅相成，为教学和实践提供了极其方便的条件。本书注重实际能力的培养目标，具有很强的实用性，特别适合作为应用型高等教育的教材。

本书编写层次分明、语言流畅、图文并茂、融入了大量的实际教学经验。配套光盘与教材结合紧密，内含书中用到的全部素材和结果，以及全部实例的高清晰教学视频文件，设计精良，结构合理，强调了应用技巧。同时，本书配套光盘中还包含全书基础知识的电子课件，方便教师组织教学，同时，也有利于学生应用能力的培养。

本书适合作为高等职业院校相关专业的教材，也可作为社会培训班的教材、后期制作和剪辑爱好者的自学参考用书。

图书在版编目（CIP）数据

Premiere Pro CS4 中文版应用教程 / 张凡等编著
. --北京：中国铁道出版社，2011.9（2017.2 重印）
高等院校计算机规划教材. 多媒体系列
ISBN 978-7-113-13301-6

Ⅰ.①P… Ⅱ.①张… Ⅲ.①视频编辑软件，
Premiere Pro CS4－高等学校－教材 Ⅳ.①TN94

中国版本图书馆 CIP 数据核字（2011）第 146992 号

书　　名：**Premiere Pro CS4 中文版应用教程**
作　　者：张　凡　韩鸿友　杨久义　等编著

策　　划：王春霞
责任编辑：马洪霞　　　　　　　　　　特邀编辑：侯　颖
封面设计：付　巍
封面制作：白　雪
责任印制：李　佳

出版发行：中国铁道出版社（100054，北京市西城区右安门西街 8 号）
网　　址：http://www.51eds.com
印　　刷：北京明恒达印务有限公司
版　　次：2011 年 9 月第 1 版　　　2017 年 2 月第 5 次印刷
开　　本：787mm×1092mm　1/16　印张：21　彩插：8　字数：507 千
印　　数：9 501～11 000 册
书　　号：ISBN 978-7-113-13301-6
定　　价：45.00 元（附赠光盘）

高等院校计算机规划教材·多媒体系列

丛书序

随着数码影像技术的飞速发展以及软硬件设备的迅速普及，计算机影像（平面与动画）技术已逐渐成为大众所迫切需要掌握的一项重要技能。数码技术在艺术设计领域中的应用使得艺术设计的技术门槛得以真正降低，Photoshop、Illustrator、Flash、3ds Max、Premiere等一系列软件已成为设计领域中不可或缺的重要工具。

然而，面对市面上琳琅满目的计算机设计类图书，常常令渴望接近计算机设计领域的人们无从选择。根据我们对国内现有的同类教材的调查，发现许多教材虽然都以设计为名，并辅以大量篇幅的实例教学，但所选案例对设计意识与设计品味并不够重视。加之各家软件公司不断在全球进行一轮又一轮的新品推介，计算机设计类图书也被迫不断追逐着版本频繁升级的脚步不断修订，却忽视了设计潮流的变更，因此，不能使读者在学习软件的同时逐步建立起计算机设计的新思维。

这套"高等院校计算机规划教材·多媒体技术系列"教材以"基础知识—进阶案例—高级案例"为主线进行介绍，从读者的角度出发，尽量让读者能够真正学习到完整的软件应用知识和实用有效的设计思路。本书"基础知识"部分用简练的语言把错综复杂的知识串连起来，并给出软件学习的重点与难点。"案例部分"不但囊括了所有知识点的操作技巧，而且以近年来最新出现的数字艺术风格、最新的软件技巧、媒介形式以及新的设计概念为依据，结合平面与动画设计中面临的实际课题进行案例的设置，一方面培养学生对于技术的敏感和快速适应性，使他们能注意到技术变化带来的各种新的可能性，消除技术所形成的障碍；另一方面也使学生从多个视角感受与掌握计算机设计的时尚语言，从而拓展学习者对传统视觉设计的认识。

整套教材的特点：

- 三符合：符合本专业教学大纲，符合市场上技术发展潮流，符合各高校新课程设置需要。
- 三结合：相关企业制作经验、教学实践和社会岗位职业标准紧密结合。
- 三联系：理论知识、对应项目流程和就业岗位技能紧密联系。
- 三适应：适应新的教学理念，适应学生现状水平，适应用人标准要求。
- 技术新、任务明、步骤详细、实用性强，专为数字艺术紧缺人才量身定做。
- 基础知识与具体范例操作紧密结合，边讲边练，学习轻松，容易上手。
- 课程内容安排科学合理，辅助教学资源丰富，方便教学，重在原创和创新。
- 理论精练全面、任务明确具体、技能实操可行，即学即用。

本丛书由设计软件教师协会组织编写，教材定位准确，教学内容新、深度适当。由于在编写形式上完全按照教学规律编写，因而非常适合实际教学。本套教材理论和实践的比例恰当，教材、光盘互相呼应，相辅相成，为教学和实践提供了极其方便的条件。

编写的老师均是北京市教委评定的高校精品教材的获奖者。本套教材符合当前高等教育改革方向，定位准确，很适合计算机应用学科的教学。教材的知识点、难点和重点分配合理，案例贴近实际。教材均配有多媒体教学视频和电子课件，方便选用本丛书的院校组织教学。

丛书编委会

2010.10

前　言

　　Premiere Pro CS4是由著名的Adobe公司开发的视频编辑软件,可用来编辑和制作电影、DV、栏目包装、字幕、网络视频、演示文稿、电子相册等,另外,还可以编辑音频内容。目前,随着计算机硬件的不断升级以及Premiere强大的功能和易用性,Premiere在全球备受青睐。

　　本书是一本实例教程,全书分为 9 章,每章前面为基础知识讲解,后面为具体实例应用。本书的主要内容如下:

　　第1章视频剪辑的基础理论,主要讲解了视频剪辑相应的理论和视频编辑知识。

　　第2章 Premiere Pro CS4 的操作基础,讲解了关于 Premiere Pro CS4 基本操作方面的相关知识。

　　第3章视频切换的应用,讲解了 Premiere Pro CS4 有关视频切换方面的相关知识,并通过4个实例来具体讲解 Premiere Pro CS4 的视频切换在视频编缉中的具体应用。

　　第4章视频特效的应用,讲解了 Premiere Pro CS4 有关视频特效方面的相关知识,并通过5个实例来具体讲解 Premiere Pro CS4 的视频特效在视频编缉中的具体应用。

　　第5章运动效果的应用,讲解了利用 Premiere Pro CS4 对素材进行运动和透明度的编辑设置的相关知识,并通过两个实例来具体讲解 Premiere Pro CS4 的运动效果在视频编缉中的具体应用。

　　第6章字幕的应用,讲解了字幕的创建、编辑和动态字幕方面的相关知识,并通过6个实例来具体讲解 Premiere Pro CS4 的字幕在视频编缉中的具体应用。

　　第7章获取和编辑音频,讲解了利用 Premiere Pro CS4 获取和编辑音频方面的相关知识。

　　第8章视频影片的输出,讲解了利用 Premiere Pro CS4 进行视频影片输出方面的相关知识。

　　第9章综合实例,综合利用前面各章的知识,通过两个实例的具体讲解,旨在帮助读者独立完成相关的剪辑操作。

　　本书是设计软件教师协会推出的系列教材之一,实例内容丰富、结构清晰、实例典型、讲解详尽、富于启发性。全部实例都是由多所院校(中央美术学院、北京师范大学、清华大学美术学院、北京电影学院、中国传媒大学、天津美术学院、天津师范大学艺术学院、首都师范大学、山东理工大学艺术学院、河北职业艺术学院)具有丰富教学经验的知名教师和一线优秀设计人员从长期教学和实际工作中总结出来的,每个实例都包括制作要点和操作步骤两部分。为了便于读者学习,每章最后还有课后练习,同时配套光盘中含有全部实例高清晰度的教学视频文件和相关电子课件。

　　参与本书编写的人员有张凡、韩鸿友、杨久义、李岭、于元青、王世旭、李羿丹、郭开鹤。

　　本书适合作为高等职业院校相关专业的教材,也可作为社会培训班的教材、后期制作和剪辑爱好者的自学参考用书。

编　者

2011 年 5 月

目 录

第1章

视频剪辑的基础理论

随着数字技术的兴起，影片剪辑早已由直接剪接胶片演变为借助计算机进行数字化编辑的阶段。然而，无论是通过怎样的方法来编辑视频，其实质都是组接视频片段的过程。不过，要怎样组接这些片段才能符合人们的逻辑思维，并使其具有艺术性和欣赏性，便需要视频编辑人员掌握相应的理论和视频编辑知识。通过本章学习，读者应掌握以下内容：

- 掌握视频编辑的基础知识；
- 掌握镜头组接的基础知识；
- 掌握常用数字视频和音频格式；
- 掌握线性编辑和非线性编辑的相关知识。

1.1 视频编辑的基础知识

在视频编辑的过程中，根据编辑对象的特点及最终完成作品的内容属性，需要经常用到一些基本的概念，下面就来进行具体讲解。

1.1.1 视频画面的运动原理

视频的概念源于电视系统，是指由一系列静止图像所组成，但能够通过快速播放使其"运动"起来的影像记录技术。也就是说，视频本身不过是一系列静止图像的组合而已，它是通过多幅内容相近的画面被快速、连续播放时，在人类大脑产生的"视觉滞留"的影响下认为画面中的内容在运动。所谓"视觉滞留"原理，就是当眼前物体的位置发生变化时，该物体反映在视网膜上的影像不会立即消失，而是会短暂滞留一段时间。

1.1.2 数字视频

数字视频的形成过程：先用摄像机之类的视频捕捉设备，将外界影像的颜色和亮度信息转变为电信号，然后将其记录到存储介质（如录像带）中。在播放时，视频信号被转变为帧信息，并以约 30 帧 /s 的速度投影到显示器上，使人类的眼睛误认为它是连续、不间断地运动着的。电影播放的帧率大约是 24 帧 /s。如果用示波器（一种测试工具）来观看，未投影的模拟电信号的波峰和波谷必须通过数字 / 模拟（D/A）转换器来转变为数字的"0"或"1"，这个转换过程就称为视频捕捉（或采集过程）。要在电视机上观看数字视频，需要一个从数字信号到模拟信号的转换器，将二进制信息解码成模拟信号。

1. 模拟信号

传统的模拟摄像机是将实际生活中看到、听到的内容录制成模拟格式文件。如果是用模拟摄像机或者其他模拟设备（使用录像带）进行制作，还需要能将模拟视频进行数字化处理的捕获设备，一般计算机中安装的视频捕获卡就是起这个作用的。模拟视频捕捉卡有很多种，它们之间的差异表现在可以数字化的视频信号的类型、被数字化视频的品质等方面。Premiere 或者其他软件都可以进行数字化制作。一旦视频被数字化之后，就可以使用 Premiere 或者其他软件在计算机中进行编辑。编辑结束以后，为了方便，也可以再次通过视频进行输出。输出时，可以使用 Web 数字格式，或者 VHS、Beta-SP 等模拟格式。

2. 数字信号

随着数码摄像机价格的不断下降，其使用也越来越普及。使用数码摄像机可以将录制方式保存为数字格式，然后将数字信息输入到计算机中进行制作。使用最广泛的数码摄像机采用的是 DV 格式。将 DV 传送到计算机上要比模拟视频更加简单，因为视频保存方式已经被数字化，所以，只需要一个连接计算机和数据的通路即可。最常见的连接方式就是使用 IEEE 1394 卡，使用 DV 设备的用户普遍使用这种格式。当然，也可以通过其他方式接收，不过这个方法是最普通、最常用的。

1.1.3 帧、场与扫描方式

帧、场与扫描方式这些词汇都是视频编辑中常出现的专业术语，它们之间的共同特点是都与视频播放有关。

1. 帧

视频是由一幅幅静态画面所组成的图像序列，而组成视频的每一幅静态图像被称之为"帧"。也就是说，帧是视频（包含动画）内的单幅影像画面，相当于电影胶片上的每一格影像。人们常说到的"逐帧播放"指的便是逐幅画面地查看视频。

在播放视频的过程中，播放效果的流畅程度取决于静态图像在单位时间内的播放数量，即"帧速率"，其单位是 fps（帧/秒）。目前，电影画面的帧速率是 24 fps，而电视画面的帧速率则为 25 fps 或 30 fps。

2. 隔行扫描与逐行扫描

扫描方式是指电视机在播放视频画面时采用的播放方式。电视机的显像原理是通过电子枪发射高速电子来扫描显像管，并最终使显像管上的荧光粉发光成像。在这一过程中，电子枪扫描图像的方法有隔行扫描和逐行扫描两种。

（1）隔行扫描

隔行扫描是指电子枪首先扫描图像的奇数行（或偶数行），当图像内所有奇数行（或偶数行）全部扫描完成后，再使用相同方法逐次扫描偶数行（或奇数行）。

（2）逐行扫描

逐行扫描是在显示图像的过程中，采用每行图像依次扫描的方法来播放视频画面。

早期由于技术的原因，逐行扫描整幅画面的时间要长于荧光粉从发光到衰减所消耗的时间，因此会造成人眼的视觉闪烁感。在不得已的情况下，只能采用一种折衷的方法，即隔行扫描。在视觉滞留现象的帮助下，人眼并不会注意到图像每次只显示一半，因此很好地解决了视频画面的闪烁问题。然而，随着显示技术的不断增强，逐行扫描会引起视觉不适的问题已经解决。此外，由于逐行扫描的显示质量要优先于隔行扫描，因此隔行扫描技术已被逐渐淘汰。

3. 场

在采用隔行扫描方式进行播放的显示设备中，每一帧画面都会被拆分开进行显示，而拆分后得到的残缺画面即称为"场"。也就是说，视频画面播放为 30 fps 的显示设备，实质上每秒需要播放 60 场画面；而对于 25 fps 的显示设备来说，其每秒需要播放 50 场画面。

在这一过程中，一幅画面内被首先显示的场称为"上场"，而紧随其后进行显示的、组成该画面的另一个场称为"下场"。

1.1.4　分辨率与像素宽高比

分辨率和像素都是影响视频质量的重要因素，与视频的播放效果有着密切联系。下面就来进行具体讲解这方面的相关知识。

1. 像素与分辨率

在电视机、计算机显示器及其他相类似的显示设备中，像素是组成图像的最小单位，每个像素则由多个（通常为 3 个）不同颜色（通常为红、绿、蓝）的点组成。而分辨率则是指屏幕上像素的数量，通常用"水平方向像素数量 × 垂直方向像素数量"的方式来表示，如 720×480、720×576 等。

像素与分辨率对视频质量的正面影响在于每幅视频画面的分辨率越大、像素数量越多，整个视频的清晰度也就越高。这是因为，一个像素在同一时间内只能显示一种颜色，因此在画面尺寸相同的情况下，拥有较大分辨率（像素数量多）图像的显示效果也就越为细腻，相应的影像也就越为清晰；反之视频画面便会模糊不清。

2. 帧宽高比与像素宽高比

帧宽高比即视频画面的长宽比例，目前电视画面的宽高比通常为 4∶3，电影则为 16∶9。至于像素宽高比，则是指视频画面内每个像素的长宽比，具体比例由视频所采用的视频标准所决定。

不过，由于不同设备在播放视频画面时的像素宽高比也有所差别，因此当某一显示设备在播放与其像素宽高比不同的视频时，就必须对图像进行矫正操作。否则，视频画面的播放效果便会较原效果产生一定的变形。

1.1.5　数字压缩

数字压缩也称编码技术，准确地说应该称为数字编码、解码技术，是将图像或者声音的模拟信号转换为数字信号，并可将数字信号重新转换为声音或图像的解码器综合体。

原始信息往往很大，不利于存储、处理和传输，而使用压缩技术可以有效地节省存储空间，缩短处理时间，节约传送通道。一般数据压缩有两种方法：一种是无损压缩，是将相同或相似的数据根据特征归类，用较少的数据量描述原始数据，达到减少数据量的目的；另一种是有损压缩，是有针对性地简化不重要的数据，减少总的数据量。

目前，常用的影像压缩格式有 MOV、MPG、QuickTime 等。

1.1.6 电视制式

在电视机中播放的电视节目都是经过视频编辑处理得到的。由于世界上各个国家对电视影像制定的标准不同，其制式也有一定的区别。电视制式的出现，保证了电视机、视频及视频播放设备之间所用标准的统一或兼容，为电视行业的发展做出了极大的贡献。目前，世界上的电视制式分为 NTSC 制式、PAL 制式和 SECAM 制式 3 种。在 Premiere Pro CS4 中新建视频项目时，也需要对视频制式进行具体设置。

1. NTSC 制式

NTSC 制式是由美国国家电视标准委员会（National Television System Committee，NTSC）制定的，主要应用于美国、加拿大、日本、韩国、菲律宾等国家，以及中国台湾地区。该制式采用了正交平衡调幅的技术方式，因此 NTSC 制式也称为正交平衡调幅制电视信号标准。该制式的优点是视频播出端的接收电路较为简单。不过，由于 NTSC 制式存在相位容易失真、色彩不太稳定（易偏色）等缺点，因而此类电视都会提供一个手动控制的色调电路供用户选择使用。

符合 NTSC 制式的视频播放设备至少拥有 525 行扫描线，分辨率为 720×480 像素，工作时采用隔行扫描方式进行播放，帧速率为 29.97 fps，即每秒播放 60 场画面。

2. PAL 制式

PAL 制式是在 NTSC 制式基础上一种改进方案，其目的主要是为了克服 NTSC 制式对相位失真的敏感性。PAL 制式的原理是将电视信号内的两个色差信号分别采用逐行倒相和正交调制的方法进行传送。这样一来，当信号在传输过程中出现相位失真时，便会由于相邻两行信号的相位相反而起到互相补偿的作用，从而有效地克服了因相位失真而引起的色彩变化。此外，PAL 制式在传输时受多径接收而出现彩色重影的影响也较小。不过，PAL 制式的编/解码器较 NTSC 制式的相应设备要复杂许多，信号处理也较麻烦，接收设备的造价也较高。

PAL 制式也采用隔行扫描的方式进行播放，共有 625 行扫描线，分辨率为 720×576 像素，帧速率为 25 fps。目前，PAL 彩色电视制式广泛应用于德国、中国内地、中国香港特别行政区、英国、意大利等国家和地区。然而，即便采用的都是 PAL 制式，不同国家和地区的 PAL 制式电视信号也有一定的差别。例如，我国内地采用的是 PAL-D 制式，中国香港特别行政区、中国澳门特别行政区和英国使用的是 PAL-I 制式，新加坡使用的是 PAL-B/G 或 D/K 制式等。

3. SECAM 制式

SECAM 制式意为"顺序传送彩色信号与存储恢复彩色信号制"，是由法国在 1966 年制定的一种彩色电视制式。与 PAL 制式相同的是，该制式也克服了 NTSC 制式相位易失真的缺点，但在色度信号的传输与调制方式上却与前两者有着较大差别。总体来说，SECAM 制式的特点是彩色效果好、抗干扰能力强，但兼容性相对较差。

在使用中，SECAM 制式同样采用了隔行扫描的方式进行播放，共有 625 行扫描线，分辨率为 720×576 像素，帧速率与 PAL 制式相同。目前，该制式主要应用于俄罗斯、法国、埃及、罗马尼亚等国家。

1.2　镜头组接的基础知识

无论是怎样的影视作品，结构上都是将一系列镜头按一定次序组接后所形成的。然而，这些镜头之所以能够延续下来，并使观众将它们接收为一个完整、融合的统一体，是因为这些镜头间的发展和变化秉承了一定的规律。下面就来讲解一些镜头组接时的规律与技巧。

1.2.1　镜头组接规律

为了清楚地向观众传达某种思想或信息，组接镜头时必须遵循一定的规律，归纳后可分为以下几点：

1. 符合观众的思维方式与影片表现规律

镜头的组接必须要符合生活与思维的逻辑关系。如果影片没有按照上述原则进行编排，必然会由于逻辑关系的颠倒而使观众难以理解。

2. 景别的变化要采用"循序渐进"的方法

通常来说，一个场景内"景"的发展不宜过分剧烈，否则便不易与其他镜头进行组接。相反，如果"景"的变化不大，同时拍摄角度的变换亦不大，也不利于同其他镜头进行组接。

例如，在编排同机位、同景别，恰巧又是同一主体的两个镜头时，由于画面内景物的变化较小，将两镜头简单组接后会给人一种镜头不停重复的感觉。在这种情况下，除了重新进行拍摄外，还可采用过渡镜头，使表演者的位置、动作发生变化后再进行组接。

3. 镜头组接中的拍摄方向与轴线规律

所谓"轴线规律"，是指在多个镜头中，摄像机的位置应始终位于主体运动轴线的同一线，以保证不同镜头内的主体在运动时能够保持一致的运动方向。否则，在组接镜头时，便会出现主体"撞车"的现象，此时的两组镜头便互为跳轴画面。在视频的后期编辑过程中，跳轴画面除了特殊需要外基本无法与其他镜头相组接。

4. 遵循"动接动"、"静接静"的原则

当两个镜头内的主体始终处于运动状态，且动作较为连贯时，可以将动作与动作组接在一起，从而达到顺畅过渡、简洁过渡的目的，该组接方法称为"动接动"。

与之相应的是，如果两个镜头的主体运动不连贯，或者它们的画面之间有停顿时，则必须

在前一个镜头内的主体完成一套动作后，才能与第二个镜头相组接，并且第二个镜头必须是从静止的镜头开始，该组接方法便称为"静接静"。在"静接静"的组接过程中，前一个镜头结尾停止的片刻叫"落幅"，后一个镜头开始时静止的片刻叫"起幅"，起幅与落幅的时间间隔大约为 1～2 s。此外，在将运动镜头和固定镜头相互组接时，同样需要遵循这个规律。例如，一个固定镜头需要与一个摇镜头相组接时，摇镜头开始要有"起幅"；当摇镜头要与固定镜头组接时，摇镜头结束时必须要有"落幅"，否则组接后的画面便会给人一种跳动的视觉感。

> **提示**
>
> 摇镜头是指在拍摄时，摄像机的机位不动，只有机身做上、下、左、右的旋转等运动。在影视创作中，摇镜头可用于介绍环境、从一个被摄主体向另一个被摄主体、表现人物运动、表现剧中人物的主观视线、表现剧中人物的内心感受等。

1.2.2　镜头组接的节奏

在一部影视作品中，作品的题材、样式、风格，以及情节的环境气氛、人物的情绪、情节的起伏跌宕等元素都是确定影片节奏的依据。然而，要想让观众能够很直观地感觉到这一节奏，不仅需要通过演员的表演、镜头的转换和运动，以及场景的时空变化等前期制作因素，还需要运用组接的手段，严格掌握镜头的尺寸、数量与顺序，并在删除多余枝节后才能完成。也就是说，镜头组接是控制影片节奏的最后一个环节。

1.2.3　镜头组接的时间长度

在剪辑、组接镜头时，每个镜头停滞时间的长短，不仅要根据内容难易程度和观众的接受能力来决定，还要考虑到画面构图及画面内容等因素。例如，在处理远景、中景等包含内容较多的镜头时，便需要安排相对较长的时间，以便观众看清这些画面上的内容；对于近景、特写等空间较小的画面，由于画面内容较少，因此可适当减少镜头的停留时间。

此外，画面内的一些其他因素也会对镜头停留时间的长短起到制约作用。例如，画面内较亮的部分往往比较暗的部分更能引起人们的注意，因此在表现较亮部分时可适当减少停留时间；如果要表现较暗的部分，则应适当延长镜头的停留时间。

1.3　常用数字视频和音频格式

非线性编辑的出现，使得视频影像的处理方式进入了数字时代。与之相应的是，影像的数字化记录方法也更加多样化。下面就来介绍一些目前常见的视频和音频格式。

1.3.1　常见视频格式

随着视频编码技术不断发展，视频文件的格式种类也不断增多。为了更好地编辑影片，必须熟悉各种常见的视频格式，以便在编辑影片时能够灵活使用不同格式的视频素材，或者根据需要将制作好的影视作品输出为最为适合的视频格式。下面就来介绍一些目前常见的视频格式。

1. MPEG/MPG/DAT

MPEG/MPG/DAT 类型的视频文件都是由 MPEG 编码技术压缩而成的视频文件，被广泛应用于 VCD/DVD 和 HDTV 的视频编辑与处理等方面。其中，VCD 内的视频文件由 MPEG-1 编码技术压缩而成（刻录软件会自动将 MPEG-1 编码的视频文件转换为 DAT 格式），DVD 内的视频文件则由 MPEG-2 压缩而成。

2. AVI

AVI 是由微软公司所研发的视频格式。其优点是允许影像的视频部分和音频部分交错在一起同步播放，调用方便、图像质量好；缺点是文件所占空间过于庞大。

3. MOV

MOV 是由 Apple 公司所研发的一种视频格式，是 QuickTime 音/视频软件的配套格式。在 MOV 格式刚刚出现时，该格式的视频文件仅能够在 Apple 公司所生产的 Mac 机上进行播放。此后，Apple 公司推出了基于 Windows 操作系统的 QuickTime 软件，MOV 格式也逐渐成为使用较为频繁的视频文件格式。

4. RM/RMVB

RM/RMVB 是按照 Real Networks 公司所制定的音频/视频压缩规范而创建的视频文件格式。其中，RM 格式的视频文件只适于本地播放，而 RMVB 除了能够进行本地播放外，还可通过互联网进行流式播放，从而使用户只需进行极短时间的缓冲，便可不间断地长时间欣赏影视节目。

5. WMV

WMV 是一种可在互联网上实时传播的视频文件类型，其主要优点在于，具有可扩充的媒体类型、本地或网络回放、可伸缩的媒体类型、流的优化、多语言支持、扩展性等。

6. ASF

ASF（Advanced Streaming Format，高级流格式）是微软公司为了和现在的 Real Networks 竞争而研发的一种可直接在网上观看视频节目的文件压缩格式。ASF 使用了 MPEG-4 压缩算法，其压缩率和图像的质量都很不错。

1.3.2　常见音频格式

在影视作品中，除了使用影视素材外，还需要为其添加相应的音频文件。下面就来介绍一些目前常见的音频格式。

1. WAV

WAV 音频文件又称波形文件，是 Windows 本身存放数字声音的标准格式。WAV 音频文件是目前最具通用性的一种数字声音文件格式，大部分的音频处理软件都支持 WAV 格式。由于该格式文件存放的是没有经过压缩处理而直接对声音信号进行采样得到的音频数据，所以 WAV 音频文件的音质在各种音频文件中是最好的，同时它的体积也是最大的，CD 音质的 WAV 音频文件播放速度大约为 10 MB/min。由于 WAV 音频文件的体积过大，所以不适合于在网络上进行传播。

2. MP3

MP3（MPEG-AudioLayer 3）是一种采用了有损压缩算法的音频文件格式。由于 MP3 在采用心理声学编码技术的同时结合了人们的听觉原理，因此剔除了某些人耳分辨不出的音频信号，从而实现了高达 1：12 或 1：14 的压缩比。

此外，MP3 还可以根据不同需要采用不同的采样率进行编码，如 96 kbps、112 kbps、128 kbps 等。其中，使用 128 kbps 采样率所获得 MP3 的音质非常接近于 CD 音质，但其大小仅为 CD 音乐的 1/10，因此成为目前最为流行的一种音乐文件。

3. WMA

WMA 是微软公司为了与 Real Networks 公司的 RA 以及 MP3 竞争而研发的新一代数字音频压缩技术，其全称为 Windows Media Audio，特点是同时兼顾了高保真度和网络传输需求。从压缩比来看，WMA 比 MP3 更优秀，同样音质 WMA 文件的大小是 MP3 的一半或更少，而相同大小的 WMA 文件又比 RA 的音质要好。总体来说，WMA 音频文件既适合在网络上用于数字音频的实时播放，同时也适用于在本地计算机上进行音乐回放。

4. MIDI

严格来说，MIDI 并不是一种数字音频文件格式，而是电子乐器与计算机之间进行的一种通信标准。在 MIDI 文件中，不同乐器的音色都被事先采集下来，每种音色都有一个唯一的编号，当所有参数都编码完毕后，就得到了 MIDI 音色表。在播放时，计算机软件即可通过参照 MIDI 音色表的方式将 MIDI 文件数据还原为电子音乐。

1.4 数字视频编辑基础

现阶段，人们在使用影像建制设备获取视频后，通常还要对其进行剪切、重新编排等一系列处理，然后才会将其播出。在上述过程中，对源视频进行的剪切、编排及其他操作统称为视频编辑操作，而用户以数字方式来完成这一任务时，整个过程便称为数字视频编辑。

1.4.1 线性编辑与非线性编辑

在电影电视的发展过程中，视频节目的制作先后经历了"物理剪辑"、"电子编辑"和"数字编辑"3 个不同发展阶段，其编辑方式也先后出现了线性编辑和非线性编辑。下面将分别介绍这两种不同的视频编辑方式。

1. 线性编辑

线性编辑又称在线编辑，是指直接通过放像机和录像机的母带对模拟影像进行连接、编辑的方式。传统的电视编辑就属于此类编辑。采用这种方式，如果要在编辑好的录像带上插入或删除视频片断，则插入点或删除点以后的所有视频片断都要重新移动一次，在操作上很不方便。

2. 非线性编辑

非线性编辑是指在计算机中利用数字信息进行的视频 / 音频编辑。选取数字视频素材的方法主要有两种：一种是先将录像带上的片断采集下来，即把模拟信号转换为数字信号，然后存储到计算机中进行特效处理，最后再输出为影片；另一种是利用数码摄像机（即 DV 摄像机）直接拍摄得到数字视频，此时拍摄的内容会直接转换为数字信号，然后只需在拍摄完成后，将需要的片断输入到计算机中即可。Premiere 属于非线性编辑软件。

1.4.2　非线性编辑系统的构成

非线性编辑的实现，要靠软件与硬件两方面的共同支持，而两者间的组合便称为非线性编辑系统。目前，一套完整的非线性编辑系统，其硬件部分至少应包括一台多媒体计算机，此外还需要视频卡、IEEE 1394 卡以及其他专用板卡（如特技卡）和外围设备。

其中，视频卡用于采集和输出模拟视频，也就是担负着模拟视频与数字视频之间相互转换的功能。

从软件上看，非线性编辑系统主要由非线性编辑软件、二维动画软件、三维动画软件、图像处理软件和音频处理软件等外围软件构成。

提示

> 至今，随着计算机硬件性能的提高，编辑处理视频对专用硬件设备的依赖越来越小，而软件在非线性编辑过程中的作用则日益突出。因此，熟练掌握一款像Premiere Pro CS4之类的非线性编辑软件便显得尤为重要。

课 后 练 习

1. 填空题

（1）帧宽高比即视频画面的长宽比例，目前电视画面的宽高比通常为_____:_____，电影则为_____:_____。

（2）目前，世界上的电视制式分为_____、_____和_____3 种。

2. 选择题

（1）PAL 制式的帧速率是（　　）帧 /s。

A．30　　　　　　　　B．25　　　　　　　　C．20　　　　　　　　D．12

（2）下列（　　）属于音频格式。

A．MP3　　　　　　　B．AVI　　　　　　　C．MOV　　　　　　　D．WAV

3. 问答题

（1）简述视频画面的运动原理。

（2）简述镜头组接的规律。

（3）简述线性编辑与非线性编辑的特点。

第2章

Premiere Pro CS4 的操作基础

Premiere Pro CS4 是一款优秀的非线性视频编辑处理软件，具有强大的视频和音频内容实时编辑合成功能。它的操作界面简便直观，同时功能全面，因此被广泛应用于家庭视频内容处理、电视广告制作和片头动画编辑等方面。通过本章学习，读者应掌握以下内容：

- Premiere Pro CS4 的启动与项目创建；
- Premiere Pro CS4 的操作界面；
- 素材的导入和编辑；
- 编组与嵌套；
- 创建新元素；
- 脱机文件；
- 打包项目素材。

2.1 Premiere Pro CS4 的启动与项目创建

Premiere Pro CS4 的启动与项目创建的具体操作步骤如下：

① 执行"开始｜程序｜Adobe Premiere Pro CS4"命令（或者用鼠标双击桌面上的 Premiere Pro CS4 的快捷启动图标 ），弹出图 2-1 所示的界面。在该界面中可以执行新建项目、打开项目和开启帮助的操作。

- 最近使用项目：用于显示最近编辑的项目文件，单击其下某文件可以直接进入主界面，对其进行继续编辑。
- 新建项目：单击该图标，可以创建一个新的项目文件进行视频编辑。
- 打开项目：单击该图标，可以开启一个在计算机中已有的项目文件。
- 帮助：单击该图标，可以开启软件的帮助系统，查阅需要的说明内容。

图2-1　启动界面

② 单击"新建项目"图标，会弹出图 2-2 所示的对话框，在该对话框中可以设置"新建项目"的参数。

图2-2　"新建项目"对话框

- 字幕安全区域：用于设置字幕显示的安全区域。
- 动作安全区域：用于设置移动物体的安全区域。
- 视频和音频显示格式：用于设置视频和音频在项目内的标尺单位。
- 采集格式：用于设置从摄像机等设备内获取素材时的格式。
- 位置：用于为项目文件指定储存路径。单击其右侧的"浏览"按钮，可以在弹出的对话框中指定相应的存储路径。
- 名称：用于为项目文件命名。

③ 单击"确定"按钮，会弹出图 2-3 所示的"新建序列"对话框，在该对话框中可以设置影片的屏幕类型等参数。

图2-3　"新建序列"对话框

④ 在"新建序列"对话框中单击"常规"选项卡，如图 2-4 所示，在其中可以创建所要的项目文件的内容属性。

图2-4 "新建序列"对话框中的"常规"选项卡

- 编辑模式：用于设定时间线面板中播放视频的数字视频格式。

- 时间基准：用于设定序列所应用的帧速率的标准。在右侧下拉列表中有"25.00 帧 / 秒"和"29.97 帧 / 秒"两个选项可供选择。一般情况下，编辑 PAL 和 SECAM 制式的视频文件应选择"25.00 帧 / 秒"选项，编辑 NTSC 制式的视频文件应选择"29.97 帧 / 秒"选项。

- 重放设置：当编辑模式为 DV PAL 或者第三方提供的其他编辑模式时，该按钮才可用。该按钮用于指定播放视频、音频素材的位置，如数码摄像机、其他连接的设备或者计算机。

- 视频：该选项组中的选项用于调整与视频画面有关的各项参数。其中，"画面大小"用于设置视频画面的分辨率；"像素纵横比"用于设置视频输出到监视器上的画面宽高比；"场"用于设置逐行扫描或隔行扫描的扫描方式；"显示格式"用于设置序列中的视频标尺单位。

- 音频：该选项组中的选项用于调整与音频有关的各项参数。其中，"采样率"用于设置序列内的音频文件的采样率；"显示格式"用于调整序列中音频的标尺单位。

- 视频预览：在该选项组中，"预览文件格式"用于设置 Premiere 生成相应序列的预览文件的文件格式。当采用 Microsoft AVI 作为预览文件格式时，还可以在"编码"下拉列表内选择生成预览文件时采用的编码方式。此外，选中"最大位数深度"和"最高渲染品质"复选框后，还可提高预览文件的质量。

⑤ 设置完成后，单击 保存预置... 按钮，然后在弹出的对话框中输入相应名称（此时输入"张凡"），如图 2-5 所示，接着单击"确定"按钮，即将自定义的设置方案进行存储。

提示

　　如果要调用已保存的预置，可以在"序列预置"选项卡的左侧列表中的"自定义"文件夹中找到保存的预置文件，如图2-6所示，单击"确定"按钮即可。

图2-5　输入名称

图2-6　找到保存的预置文件

⑥ 在"新建序列"对话框中单击"轨道"选项卡，如图 2-7 所示，在其中可以设置新创建影片中视频轨道和音频轨道的数量和类型。

图2-7　"新建项目"对话框中的"轨道"选项卡

⑦ 设置完毕后，单击"确定"按钮，即可新建一个项目文件。

2.2　Premiere Pro CS4 的操作界面

在创建或打开一个项目文件后，即可进入 Premiere Pro CS4 的操作界面。

Premiere Pro CS4 提供了 5 种模式的界面，它们分别是"元数据记录"模式界面、"效果"模式界面、"编辑"模式界面、"色彩校正"模式界面和"音频"模式界面。执行菜单中的"窗口 | 工作区"中的相应子命令，可以在这 5 种工作界面间切换。下面就来说明一下 Premiere Pro

CS4 默认的"编辑"模式界面的构成。常规编辑操作界面大致可以分为"菜单栏"和"工作窗口区域"两部分，如图 2-8 所示。

图2-8　默认的"编辑"模式界面

1. 菜单栏

Premiere Pro CS4 的菜单栏中包括"文件"、"编辑"、"项目"、"素材"、"序列"、"标记"、"字幕"、"窗口"和"帮助"9 个菜单。其中，"文件"菜单中的命令用于执行创建、打开和存储文件或项目等操作；"编辑"菜单中的命令用于常用的编辑操作，如恢复、重做、复制文件等；"项目"菜单中的命令用于对目前编辑的项目文件进行内容上的操作管理，包括项目设置、项目管理、导入批处理列表等命令选项；"素材"菜单中的命令用于对素材进行常用的编辑操作，包括重命名、插入、覆盖、编组等命令选项；"序列"菜单中的命令用于在时间线窗口中对项目片段进行编辑、管理、设置轨道属性等常用操作；"标记"菜单中的命令用于设置素材标记、设置片段标记、移动到入点/出点、删除入点/出点等操作；"字幕"菜单中的命令用于设置字幕字体、大小、位置等属性；"窗口"菜单中的命令用于控制编辑界面中各个窗口或面板的显示与关闭；"帮助"菜单中的命令用于帮助用户阅读 Premiere Pro CS4 的使用帮助，还可以连接 Adobe 官方网址，寻求在线帮助等。

2. 工作窗口区域

Premiere Pro CS4 的工作区域由多个面板组成，这些面板中包含了用户在执行节目编辑任务时所要用到的各种工具和参数。下面就来介绍一些常用的面板。

（1）"项目"面板

"项目"面板的主要作用是管理当前编辑项目内的各种素材资源。"项目"面板分为素材属性区、素材列表和工具按钮 3 个部分，如图 2-9 所示。其中，素材属性区用于查看素材属性并以缩略图的方式快速预览部分素材的内容；素材列表用于罗列导入的相关素材；工具按钮用于对相关素材进行管理操作。

图2-9 "项目"面板

各工具按钮的含义如下:

- ■■(列表视图):该方式为 Premiere Pro CS4 默认显示方式,用于在素材列表中以列表方式显示素材。
- ■■(图标视图):单击该按钮,将在素材列表中以缩略图的方式显示素材,如图2-10 所示。
- ■■(自动匹配到序列):单击该按钮,可将选中素材添加到时间线面板的编辑片断中。
- ■■(查找):单击该按钮,将弹出图 2-11 所示的对话框,利用它可以查找指定的素材。
- ■■(新建文件夹):单击该按钮,可以新建文件夹,便于素材管理。

图2-10 以缩略图的方式显示素材

图2-11 "查找"对话框

- ■■(新建分项):单击该按钮,将弹出图 2-12 所示的快捷菜单,从中可以选择多种分类方式。
- ■■(清除):单击该按钮,可以将选中的素材或文件夹删除。

(2) "时间线"面板

"时间线"面板用于组合项目窗口中的各种片段,是按时间排列片段、制作影视节目的编辑窗口。绝大部分的素材编辑

图2-12 "新建分项"快捷菜单

操作都要在"时间线"面板中完成。例如，调整素材在影片中的位置、长度、播放速度，或解除有声视频素材中音频与视频部分的链接等。此外，用户还可以在"时间线"面板中为素材应用各种特技处理效果，甚至还可直接对特效滤镜中的部分属性进行调整。

该面板由节目标签、时间标尺、轨道及其控制面板 3 部分组成，如图 2-13 所示。

图2-13　"时间线"面板

① 节目标签。节目标签标识了主时间轴上的所有节目。单击它就可以激活节目并使其成为当前编辑状态。也可以拖动节目标签，使其成为一个独立的窗口。

② 时间标尺。时间标尺由时间显示、标尺缩放条、时间滑块和工作区控制条组成，如图 2-14 所示。

图2-14　时间标尺

- 时间显示：用于显示视频和音频轨道上的剪辑时间的位置，显示格式为"小时：分钟：秒：帧"。可以利用标尺缩放条提高显示精度，实现编辑时间位置的精确定位。
- 标尺缩放条：当按住端点向内拖动，将放大时间标尺显示精度；当按住端点向外拖动，将缩小时间标尺精度。
- 时间滑块：标示出当前编辑的时间位置。
- 工作区控制条：规定了工作区域及输出的范围。『和』之间的区域就是工作区域。在编辑视频和音频的时候，系统会自动根据所添加的素材，调整工作区域，也可以通过左右移动箭头来调整工作区域。

③ 轨道及其控制面板。在时间标尺下方是视频、音频轨道及其控制面板。左边的部分是轨道控制面板，可以根据需要对轨道进行展开、添加、删除及调整高度等操作，右边的部分是视频和音频轨道。该部分默认有 3 个视频轨道和 3 个立体声音频轨道。

轨道控制面板分为视频控制面板和音频控制面板两部分。

视频控制面板如图 2-15 所示，其中各按钮的功能如下：

- ■（切换轨道输出）：当该按钮呈现■状态时，可以对该轨道上的素材进行编辑、播放等操作；当该按钮呈现■状态时，此时导出影片将不会导出该轨道上的剪辑。
- ■（切换同步锁定）：为了避免在编辑其他轨道时，对已编辑好的轨道产生误操作，可以将轨道锁定。如果要再次编辑，可以单击■按钮，对其进行解锁。
- ■（折叠－展开轨道）：当该按钮呈■状态时，轨道为收缩状态；当该按钮呈■状态时，轨道为展开状态。
- ■（设定显示样式）：该按钮用来设置轨道上剪辑的显示形式。在视频轨上单击该按钮，弹出图 2-16 所示的快捷菜单。选择"显示头和尾"选项，将以首尾画面和剪辑名显示剪辑，如图 2-17 所示；选择"仅显示开头"选项，将以首画面和剪辑名显示剪辑，如图 2-18 所示；选择"显示每帧"选项，将以画面和剪辑名的形式显示剪辑，如图 2-19 所示；选择"仅显示名称"选项，将仅以剪辑名显示剪辑，如图 2-20 所示。

图2-15　视频控制面板　　　　　　图2-16　"设置显示样式"快捷菜单

图2-17　"显示头和尾"的效果

图2-18　"仅显示开头"的效果

图2-19　"显示每帧"的效果

图2-20 "仅显示名称"的效果

- （显示关键帧）：单击该按钮，将弹出图 2-21 所示的快捷菜单。用户可以根据需要，通过选择不同的选项，来控制视频关键帧的显示状态。

图2-21 "显示关键帧"快捷菜单

音频控制面板如图 2-22 所示，其中各按钮的功能如下：

- （切换轨道输出）：当显示状态时，表示启用轨道输出；当显示状态时，表示禁止轨道输出。

- （设置显示样式）：单击该按钮，弹出图 2-23 所示的快捷菜单。选择"显示波形"选项，将以波形和剪辑名来显示音频，如图 2-24 所示；选择"只显示名称"选项，将仅以波形来显示音频，如图 2-25 所示。

图2-22 音频控制面板   图2-23 "设置显示样式"快捷菜单

图2-24 "显示波形"的效果

图2-25 "仅显示名称"的效果

- （显示关键帧）：单击该按钮，将弹出图 2-26 所示的快捷菜单。用户可以根据需要，通过选择不同的选项，来控制音频关键帧的显示状态。

（3）"节目"面板

"节目"面板又称"节目监视器"面板，用于对编辑的素

图2-26 "显示关键帧"快捷菜单

材进行实时地预览，也可以对影片进行设置出、入点和未编号标记等操作。该面板分为监视器窗口、当前时间指示器和工具按钮 3 个部分，如图 2-27 所示。其中，监视器窗口用于实时预览素材；当前时间指示器用于控制素材播放的时间，在其上方的时间码用于确定每一帧的位置，显示格式为"小时：分钟：秒：帧"；工具按钮位于监视器窗口的下方，它由播放控制按钮和左右两组工具栏组成。

图2-27　"节目"面板

其中，播放控制按钮的含义如下：

- ▶（播放）：用于从目前帧开始播放影片。单击该按钮，将切换到 ■（停止）按钮。按键盘上的空格键也可以实现相同的切换功能。
- ▶（步进）：单击该按钮，素材将前进一帧。
- ◀（步退）：单击该按钮，素材将后退一帧。
- →（跳到下一编辑点）：单击该按钮，将前进到下一个编辑点。
- ←（跳到前一编辑点）：单击该按钮，将后退到前一个编辑点。

播放控制按钮左侧工具栏中按钮的含义如下：

- ｛（设置入点）：单击该按钮，时间线的目前位置将被标注为素材的起始时间。
- ｝（设置出点）：单击该按钮，时间线的目前位置将被标注为素材的结束时间。
- ♥（设置未编号标记）：用于设置无序号的标记点。
- ←（跳转到入点）：单击该按钮，素材将跳转到入点处。
- →（跳转到出点）：单击该按钮，素材将跳转到出点处。
- ▶（播放入点到出点）：单击该按钮，将只播放入点和出点之间的内容。

播放控制按钮右侧工具栏中按钮的含义如下：

- ⟲（循环）：单击该按钮，将循环播放素材。
- ⊞（安全框）：单击该按钮，将显示屏幕的安全区域。
- ◉（输出）：用于设置素材的显示模式。
- ⬒（提升）：单击该按钮，将从时间线窗口中清除标注的素材，其他素材位置不变。

- （提取）：单击该按钮，将从时间线窗口中清除标注的素材，后面的素材依次前移。
- （修整监视器）：单击该按钮，将开启修整窗口。

（4）"素材源"面板

"素材源"面板（又称"素材源监视器"面板）与"节目"面板基本相同，如图 2-28 所示，差别在于该面板用于观察素材原始效果。"素材源"面板在初始状态下是不显示画面的，如果想在该窗口中显示画面，可以直接拖动"项目"面板中的素材到"素材源"面板中，也可以双击"项目"面板中素材或已加入到时间线窗口中的素材，将该素材在"素材源"面板中进行显示。在实际影片编辑过程中，同时观察"素材源"面板与"节目"面板中的内容可以让影视编辑人员更好地了解素材在编辑前后的差别。

"素材源"面板除了可查看视频画面或静态图像外，还可以以波形的方式来显示音频素材，如图 2-29 所示。这样，编辑人员便可以在聆听素材的同时查看音频素材的内容。

图2-28 "素材源"面板　　　　图2-29 利用"素材源"面板查看音频

（5）"调音台"面板

"调音台"面板是 Premiere Pro CS4 新增的面板，如图 2-30 所示。该面板主要用于对音频素材的播放效果进行编辑和实时控制。

图2-30 "调音台"面板

（6）"效果"面板

"效果"面板中列出了能够应用于素材的各种 Premiere Pro CS4 的特效滤镜，其中包括预置、音频特效、音频过渡、视频特效和视频切换 5 个大类，如图 2-31 所示。在使用时可以单击"效果"面板下方的■（新建自定义文件夹）按钮，新建文件夹，将自己常用的各种特效放在里面（此时自定义文件夹中的特效在默认的文件夹中依然存在）。单击"效果"面板下方的■（删除自定义分项）按钮，可以删除自建的文件夹，但不能删除软件自带的文件夹。

（7）"特效控制台"面板

"特效控制台"面板如图 2-32 所示，该面板用于调整素材的运动、透明度和时间重置，并具备为其设置关键帧的功能。

图2-31　"效果"面板　　　　　　　图2-32　"特效控制台"面板

（8）"工具"面板

"工具"面板如图 2-33 所示，该面板主要用于对时间线上的素材进行编辑、添加或移除关键帧等操作。

"工具"面板中各按钮的含义如下：

- ■（选择工具）：用于对素材进行选择、移动，并可以调节素材关键帧，为素材设置入点和出点。

- ■（轨道选择工具）：用于选择某一轨道上的所有素材。

图2-33　"工具"面板

- ■（波形编辑工具）：用于拖动素材的出点以改变素材的长度，相邻素材的长度不变，项目片断的总长度改变。图 2-34 所示为使用"波形编辑工具"处理"中关村.mpg"的前后比较。

- ■（滚动编辑工具）：使用该工具在需要剪辑的素材边缘拖动，可以将增加到该素材的帧数从相邻的素材中减去，也就是说项目片段的总长度不发生改变。图 2-35 所示为使用"滚动编辑工具"处理"德胜门.mpg"的前后比较。

- ■（速率伸缩工具）：用于对素材进行速度调整，从而达到改变素材长度的目的。

- ■（剃刀工具）：用于分割素材。选择该工具后单击素材，可将素材分为两段，从而产生新的入点和出点。图 2-36 所示为使用"剃刀工具"处理"中关村.mpg"的前后比较。

- ■（错落工具）：用于改变一段素材的入点和出点，保持其总长度不变，并且不影响相邻的其他素材。

处理前

处理后

图2-34 使用"波形编辑工具"处理"中关村.mpg"的前后比较

处理前

处理后

图2-35 使用"滚动编辑工具"处理"德胜门.mpg"的前后比较

处理前

处理后

图2-36 使用"剃刀工具"处理"中关村.mpg"的前后比较

- （滑动工具）：用于保持要剪辑素材的入点与出点不变，通过相邻素材入点和出点的变化，改变其在"时间线"面板中的位置，而项目片段时间长度不变。
- （钢笔工具）：用于设置素材的关键帧。
- （手形把握工具）：用于改变时间线窗口的可视区域，有助于编辑一些较长的素材。
- （缩放工具）：用于调整时间轴窗口显示的单位比例。按〈Ctrl+U〉组合键，可以在放大和缩小模式间进行切换。

（9）"历史"面板

"历史"面板如图 2-37 所示，该面板用于记录用户在进行影片编辑操作时执行的每一个命令。通过删除"历史"面板中的指定命令，还可实现按步骤还原编辑操作的目的。

（10）"信息"面板

"信息"面板如图 2-38 所示，该面板用于显示所选素材以及该素材在当前序列中的信息，包括素材本身的帧速率、分辨率、素材长度和该素材在当前序列中的位置等。

图2-37　"历史"面板

图2-38　"信息"面板

（11）"媒体浏览"面板

"媒体浏览"面板如图 2-39 所示，该面板的功能与 Windows 管理器类似，能够让用户在该面板内查看计算机磁盘任何位置上的文件。通过设置筛选条件，用户还可在"媒体浏览"面板内单独查看特定类型的文件。

图2-39　"媒体浏览"面板

2.3　素材的导入

使用 Premiere Pro CS4 进行的视频编辑，主要是对已有的素材文件进行重新编辑，所以在进行视频编辑之前，首先要将所需的素材导入到 Premiere Pro CS4 的"项目"面板中。

2.3.1　可导入的素材类型

Premiere Pro CS4 可以支持多种格式的素材。

- 可导入的视频格式的素材包括 MPEG1、MPEG2、DV、AVI、MOV、WMV、SWF 等。
- 可导入的音频格式的素材包括 WAV、WMA、MP3 等。
- 可导入的图像格式的素材包括 AI、PSD、JPEG、TGA、TIFF、BMP、PCX 等。

2.3.2 导入素材

① 启动 Premiere Pro CS4 程序后，创建一个新的项目文件或打开一个已有的项目文件。

② 执行菜单中的"文件 | 导入"（快捷键〈Ctrl+I〉）命令，打开"导入"对话框，如图 2-40 所示。

③ 导入静止序列图像文件。方法：选择配套光盘中的"素材及结果 \ 第 2 章 Premiere Pro CS4 的操作基础 \P0000.tga"文件（静止序列文件的第一幅图片），并选中"序列图像"复选框，如图 2-41 所示，单击"打开"按钮，即可导入静止序列文件。此时，在"项目"面板中会发现该序列文件将作为一个单独的剪辑被导入，如图 2-42 所示。

图2-40　"导入"对话框　　　　　　　图2-41　选择"P0001.tga"图片，并选中
　　　　　　　　　　　　　　　　　　　　　　　　"序列图像"复选框

④ 导入不含图层的单幅图像。方法：选择配套光盘中的"素材及结果 \ 第 2 章 Premiere Pro CS4 的操作基础 \P0001.tga"文件，不选中"序列图像"复选框，单击"打开"按钮，此时在"项目"面板中该文件将作为一幅单独的图片被导入，如图 2-43 所示。

图2-42　导入序列图片　　　　　　　　　图2-43　导入单幅图片

⑤ 导入含图层的 .psd 图像文件。方法：选择配套光盘中的"素材及结果 \ 第 2 章 Premiere Pro CS4 的操作基础 \ 文字 .psd"文件，弹出图 2-44 所示的对话框。如果在"导入为"下列表框中选择"合并图层"选项，单击"确定"按钮，此时图像会合并图层后作为一个整体导入；

如果选择"选择图层"选项，然后在其下面的下拉列表中选择相应的图层，如图 2-45 所示，单击"确定"按钮，此时图像会只导入选择的图层。图 2-46 为导入"文字.psd"中"图层 1"和"图层 2"后的"项目"面板显示。

图2-44　"导入分层文件：文字"对话框

图2-45　选择相应的图层

⑥ 导入动画文件。方法：选择配套光盘中的"素材及结果\第 2 章 Premiere Pro CS4 的操作基础\德胜门.mpg"文件，单击"打开"按钮，即可将其导入"项目"面板。

⑦ 导入文件夹。方法：选择配套光盘中的"素材及结果\第 2 章 Premiere Pro CS4 的基础知识\片头方案（张凡）"文件夹，单击"导入文件夹"按钮，如图 2-47 所示，即可将该文件夹导入"项目"面板，如图 2-48 所示。

图2-46　导入"文字.psd"中"图层1"和"图层2"后的"项目"面板

图2-47　"导入"对话框

图2-48　导入文件夹

提示

要导入素材，也可以执行以下操作：

● 在"项目"面板素材列表区空白处双击，然后在弹出的"导入"对话框中选择要导入的素材，单击"打开"按钮。

● 在"项目"面板素材列表区空白处右击，从弹出的快捷菜单中选择"导入"命令，如图 2-49 所示。

● 如果剪辑最近被使用过，可以执行"文件 | 导入新近文件"命令，在弹出的子菜单中选择要导入的剪辑。

图2-49 选择"导入"命令

2.3.3 设置图像素材的时间长度

在 Premiere Pro CS4 中导入图像素材，需要自定义图像素材的时间长度，这样可以保证项目文件导入的图像素材保持相同的播放长度。默认情况下，图像素材的时间长度为 5 s，如果要修改默认的时间长度，可以执行以下操作：

① 执行菜单中的"编辑 | 参数 | 常规"命令，弹出"参数"对话框，如图 2-50 所示。

② 在"静态图像默认持续时间"文本框中输入要改变的图像素材的时间长度，单击"确定"按钮即可。

③ 对于已经导入到"项目"面板的图像文件来说，如果要修改其播放长度，可以先选中该图像，然后右击，从弹出的快捷菜单中选择"速度 / 持续时间"命令，接着在弹出的"素材速度 \ 持续时间"对话框中进行设置，如图 2-51 所示，最后单击"确定"按钮。

图2-50 "参数"对话框

图2-51 重新设置持续时间

2.4 素材的编辑

将素材导入"项目"面板后，接下来的工作就是对素材进行编辑。下面就来介绍对素材进行编辑处理的相关操作。

2.4.1　将素材添加到"时间线"面板中

在对素材进行编辑操作之前，首先需要将素材添加到"时间线"面板中。将素材添加到"时间线"面板的具体操作步骤如下：

① 在"项目"面板中选择要导入的素材，然后按住鼠标左键，将该文件拖动到"时间线"面板的"视频 1"轨道上的第 0 秒，如图 2-52 所示。此时，"节目"面板中将显示相关素材的第 1 帧画面，如图 2-53 所示。

图2-52　将素材拖入时间线的第0帧　　图2-53　在"节目" 面板中显示素材的第一帧画面

② 同理，可将其他素材添加到"时间线"面板的其他视频轨道上。

③ 如果目前视频轨道不够用，可以执行菜单中的"序列 | 添加轨道"命令，或者在"时间线"面板左侧轨道名称处右击，在弹出的"添加视音轨"对话框中设置要添加的轨道数量，如图 2-54 所示，然后单击"确定"按钮。接着将素材拖到新添加的轨道上即可。

2.4.2　设置素材的入点和出点

在制作影片时并不一定要完整地使用导入到项目中的视频或者音频素材，实际往往只需要用到其中的部分

图2-54　设置要添加的轨道数量

片断。这时就需要对素材进行剪辑，通过为素材设置入点与出点，可以从素材中截取到需要的片断。

1. 在"素材源"面板中设置素材的入点和出点

在"素材源"面板中设置入点和出点的具体操作步骤如下：

① 在"项目"面板中双击一个视频素材，此时在"素材源"面板中会显示该素材，如图 2-55 所示。

图2-55　在"素材源"面板中显示素材

　② 拖动时间滑块到需要截取素材的开始位置，然后单击 ▮（入点）按钮，即可确定素材的入点，如图 2-56 所示。

　③ 拖动时间线滑块到需要截取素材的结束位置，单击 ▮（出点）按钮，即可确定素材的出点，如图 2-57 所示。

图2-56　确定素材的入点

图2-57　确定素材的出点

2. 在"时间线"面板中设置入点和出点

　① 在"时间线"面板中将时间滑块移动到需要设置素材入点的位置，如图 2-58 所示。然后，将鼠标指针移动到素材的开头，当鼠标指针变为 ↤（双箭头标记）时，按下鼠标左键向右拖动素材到时间线位置，即可完成素材入点的设置，如图 2-59 所示。

② 同理，将时间滑块移动到需要设置素材出点的位置，如图 2-60 所示。再将素材的结束处向左侧拖动，即可完成素材出点的位置，如图 2-61 所示。

图2-58　将时间滑块移动到需要设置素材入点的位置

图2-59　确定素材的入点

图2-60　将时间滑块移动到需要设置素材出点的位置

图2-61　确定素材的出点

2.4.3 插入和覆盖素材

使用"素材源"面板中的 （插入）和 （覆盖）工具，可以将"素材源"面板中的素材直接置入"时间线"面板中的指定位置。

1. 插入素材

使用 （插入）工具插入新素材时，凡是处于要插入的时间位置后的素材都会向后推移。如果要插入的新素材的位置位于一段素材之中，则插入的新素材会将原素材分为两段，原素材的后半部分会向后推移，接在新素材之后。插入素材的具体操作步骤如下：

① 在"时间线"面板中定位需要插入素材的位置，如图 2-62 所示。

图2-62 定位需要插入素材的位置

② 在"项目"面板中双击要插入的素材，使之在"素材源"面板中显示出来，然后确定素材的入点和出点，如图 2-63 所示。

图2-63 设置要插入素材的入点和出点

③ 单击"素材源"面板下方的 （插入）按钮，即可将素材插入到时间线面板中要插入素材的位置，如图 2-64 所示。

图2-64　将素材插入到"时间线"面板中要插入素材的位置

 提示

如果选中"项目"面板中的素材，单击"项目"面板下方的 （自动匹配到序列）按钮，也可将素材插入到时间线目前的位置上。

2. 覆盖素材

使用 （覆盖）工具插入新素材时，凡是处于要插入的时间位置后的将被新插入的素材所覆盖。覆盖素材的具体操作步骤如下：

① 在"时间线"面板中定位需要插入素材的位置，如图 2-65 所示。

图2-65　定位需要插入素材的位置

② 在"项目"面板中双击要插入的素材，使之在"素材源"面板中显示出来，然后确定素材的入点和出点。

③ 单击"素材源"面板下方的 （覆盖）按钮，即可将素材插入到"时间线"面板中要覆盖素材的位置，如图 2-66 所示。

图2-66　将素材覆盖到"时间线"面板中要覆盖素材的位置

2.4.4 提升和提取素材

使用 ▦ (提升) 和 ▦ (提取) 工具可以在"时间线"面板中的指定轨道上删除指定的一段素材。

1. 提升素材

使用 ▦ (提升) 工具对影片素材进行删除修改时,只会删除目标轨道中选定范围内的素材片断,对其前、后的素材以及其他轨道上的素材的位置不会产生影响。提升素材的具体操作步骤如下:

① 在"节目"面板中为素材设置入点和出点,此时设置的入点和出点会显示在时间标尺上,如图 2-67 所示。

图2-67 设置的入点和出点会显示在时间标尺上

② 在"时间线"面板上选中提升素材的目标轨道。

③ 在"节目"面板中单击 ▦ (提升) 按钮,即可将入点和出点之间的素材删除,删除后的区域显示为空白,如图 2-68 所示。

图2-68 提升素材后的效果

2. 提取素材

使用 ▦ (提取) 工具对影片进行删除修改,不但会删除目标轨道中指定的片断,还会将其后的素材前移,填补空缺。提取素材的具体操作步骤如下:

① 在"节目"面板中为素材设置入点和出点,此时设置的入点和出点会显示在时间标尺上,如图 2-67 所示。

② 在"时间线"面板上选中提升素材的目标轨道。

③ 在"节目"面板中单击 ▦ (提取) 按钮,即可将入点和出点之间的素材删除,其后的素材将自动前移,填补空缺,如图 2-69 所示。

图2-69　提取素材后的效果

2.4.5　分离和链接素材

在编辑工作中，经常需要将"时间线"面板中素材的视、音频进行分离，或者将各自独立的视、音频链接在一起，作为一个整体进行调整。

1. 分离素材的视、音频

分离素材的视、音频的具体操作步骤如下：

① 在"时间线"面板中选择要进行视、音频分离的素材。

② 右击，从弹出的快捷菜单中选择"解除视音频链接"命令，即可分离素材的视频和音频部分。

2. 链接素材的视、音频

链接素材的视、音频的具体操作步骤如下：

① 在"时间线"面板中选择要进行视、音频链接的素材。

② 右击，从弹出的快捷菜单中选择"链接视音频"命令，即可链接素材的视频和音频部分。

2.4.6　编辑标记

标记用于指示重要时间码的位置，通过设置标记，可以将时间线快速移动到标记的位置。在"节目"面板和"素材源"面板中均可设置标记。下面以"节目"面板为例，来讲解编辑标记的相关操作。

1. 设置标记

设置标记的具体操作步骤如下：

① 在"节目"面板中显示一个素材，然后将时间线滑块移动到需要设置标记的位置。接着执行菜单中的"标记 | 设置序列标记 | 其他编号"命令，在弹出的对话框中设置一个数值为 0 ~ 99 之间的有序号标记，如图 2-70 所示。

② 设置完毕后，单击"确定"按钮，此时在"节目"面板的时间标尺处会出现一个 标记，如图 2-71 所示。同时，"时间线"面板的相应位置还会出现一个带有设定好编号的标记，如图 2-72 所示。

图2-70　设置序号标记　　　　　　　图2-71　时间标尺处会出现一个 标记

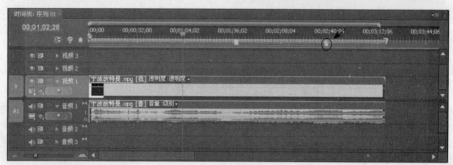

图2-72　"时间线"面板的相应位置出现一个带有设定好编号的标记

> **提示**
>
> 　　单击监视器面板下方工具栏中的 （设置未编号标记）按钮，也可以插入一个标记，只不过这个标记是没有序号的。

2. 跳转标记

　　为素材加入标记之后，便可以快速跳转到某个标记所在的帧。设置跳转标记的具体操作步骤如下：

　　① 执行菜单中的"标记|跳转序列标记|编号"命令，弹出图2-73所示的对话框。

　　② 在该对话框中列出了所有带序号的标记，选中需要的标记，单击"确定"按钮，时间线就会自动移动到相应的标记上。

> **提示**
>
> 　　对于没有序号的标记，可以通过监视器面板下方的 （跳转到下一编辑点）按钮和 （跳转到前一编辑点）按钮进行跳转。

图2-73　"跳转到已编号标记"对话框

3. 删除标记

（1）删除单个标记

执行菜单中的"标记|清除序列标记|编号"命令，在弹出的"清除已编号标记"对话框中选择要删除的标记，如图 2-74 所示，单击"确定"按钮，即可将其删除。

> **提示**
>
> 如果要删除没有序号的单个标记，可以在"节目"面板中选中该标记，然后右击，从弹出的快捷菜单中选择"清除序列标记|当前标记"命令，将其删除。

图2-74　选择要删除的标记

（2）删除所有标记

执行菜单中的"标记|清除序列标记|全部标记"命令，即可将所有标记删除。

4. 在"时间线"面板中设置入点与出点标记

在"时间线"面板中可以对素材片断进行入点与出点标记的设置，从而方便在时间线中快速移动到入点和出点。在"时间线"面板中设置入点与出点标记的具体操作步骤如下：

① 将"时间线"面板中的时间滑块定位在入点处，然后在时间标尺处右击，从弹出的快捷菜单中选择"设置序列标记|入点"命令，即可完成入点的设置，如图 2-75 所示。

图2-75　选择"设置序列标记|入点"命令

② 同理，将时间线定位在出点位置，然后在时间标尺处右击，从弹出的快捷菜单中选择"设置序列标记|出点"命令，即可完成出点的设置，如图 2-76 所示。

图2-76　选择"设置序列标记|出点"命令

③ 完成入点和出点设置后，选中该素材片断，然后在时间标尺处右击，从弹出的快捷菜单中选择"跳转序列标记|入点"和"跳转序列标记|出点"命令，即可返回到素材的入点和出点位置。

提示

在"节目"面板中单击 （跳转到入点）按钮和 （跳转到出点）按钮，也可以直接返回素材的入点和出点位置。

④ 如果要删除素材的入点和出点标记，可以执行菜单中的"标记|清除序列标记|入点和出点"命令，即可将入点和出点标记删除。

2.4.7 修改素材的播放速率

对视频或音频素材的播放速率进行修改，可以使素材产生快速或慢速播放的效果。修改素材的播放速率的具体操作步骤如下：

① 在"时间线"面板中选择需要修改播放速率的素材，如图 2-77 所示。

图2-77 选择需要修改播放速率的素材

② 选择"工具"面板中的 （速率伸缩工具），然后将指针移动到素材的开头或末尾，接着按住鼠标左键向左或向右拖动，即可在不改变素材的内容长度的状态下，改变素材播放的时间长度，以达到改变片断播放速度的效果（即俗称的快放和慢放），如图 2-78 所示。

图2-78 利用 （速率伸缩工具）改变素材播放的时间长度

③ 如果要精确修改素材的播放速率，可以在"时间线"面板中选中素材，然后右击，从弹出的快捷菜单中选择"速度 / 持续时间"命令，接着在弹出的"素材速度 / 持续时间"对话框中进行设置，如图 2–79 所示。

图2–79 精确设置素材的播放速率

2.5 编组与嵌套

1. 编组

在编辑工作中，经常需要对多个素材整体进行操作。此时，使用编组命令，可以将多个片段组合为一个整体进行移动、复制及编辑等操作。建立编组的具体操作步骤如下：

① 在"时间线"面板中框选择进行编组的素材。

提示

> 按住〈Shift〉键可以添加素材。

② 在选定的素材上右击，从弹出的快捷菜单中选择"编组"命令，即可将选中的素材进行编组。

提示

> 编组的素材无法改变其属性，如改变编组的不透明度或施加特效等。如果要取消编组，可以右击群组对象，从弹出的快捷菜单中选择"取消编组"命令即可。

2. 嵌套

嵌套可以将一个时间线嵌套到另外一个时间线中，作为一整段素材使用。使用嵌套可以完成普通剪辑无法完成的复杂操作，并且可以在很大程度上提高工作效率。例如，进行多个素材的重复切换和特效混用。建立嵌套素材的具体操作步骤如下：

① 在"时间线"面板中切换到要进行嵌套的目标时间线。

② 在"项目"面板中选择要进行嵌套的时间线，然后将其拖入目标时间线的轨道中即可。

2.6 创建新元素

Premiere Pro CS4 除了可以使用导入的素材外，还可以建立一些新素材元素。下面就来进行具体讲解。

2.6.1 通用倒计时片头

Premiere Pro CS4 为用户提供的"通用倒计时片头"命令，通常用于创建影片开始前的倒计时片头动画。利用该命令，用户不仅可以非常简便地创建一个标准的倒计时素材，并可以在 Premiere Pro CS4 中随时对其进行修改。创建通用倒计时片头动画的具体操作步骤如下：

① 在"项目"面板中单击下方的 🖫（新建分项）按钮，然后从弹出的快捷菜单中选择"通用倒计时片头"命令，如图 2-80 所示。

② 在弹出的图 2-81 所示的"新建通用倒计时片头"对话框中设置相关参数后，单击"确定"按钮，进入"通用倒计时片头设置"对话框，如图 2-82 所示。

图2-80　选择"通用倒计时片头"命令

图2-81　"新建通用倒计时片头"对话框

图2-82　"通用倒计时片头设置"对话框

"通用倒计时片头设置"对话框中各参数含义如下：

● 划变色：用于设置擦除后的颜色。在播放倒计时影片时，指示线会不停地围绕圆心转动，在指示线转动之后的颜色即为划变色。

● 背景色：用于设置背景颜色。指示线转动之前的颜色即为背景色。

● 线条色：用于设置指示线颜色。固定的十字线及转动指示线的颜色由该项设置。

● 目标色：用于设置圆形准星的颜色。

● 数字色：用于设置数字颜色。

③ 设置完毕后，单击"确定"按钮，即可将创建的通用倒计时片头放入"项目"面板，如图 2-83 所示。

④ 将"项目"面板中的"通用倒计时片头"素材拖入"时间线"面板中，然后在"节目"面板中单击 ▶ 按钮，即可看到效果，如图 2-84 所示。

⑤ 如果要修改通用倒计时片头，可以在"项目"面板或"时间线"面板中双击该素材，然后在打开的"通用倒计时片头设置"对话框中进行重新设置。

图2-83　"项目"面板中的
"通用倒计时片头"素材

图2-84　通用倒计时片头效果

2.6.2　彩条

在 Premiere Pro CS4 中，利用"彩条"命令，可以为影片在开始前加入一段静态的彩条效果。创建彩条的具体操作步骤如下：

① 在"项目"面板中单击下方的 （新建分项）按钮，然后从弹出的快捷菜单中选择"彩条"命令。

② 在弹出的图 2-85 所示的"新建彩条"对话框中设置相关参数后，单击"确定"按钮，即可将创建的彩色放入"项目"面板，如图 2-86 所示。

图2-85　"新建彩条"对话框　　　　图2-86　"项目"面板中的"彩条"素材

2.6.3　黑场

所谓黑场，是指画面由纯黑色像素组成的单色素材。在实际应用中，黑场通常用于影片的开头或结尾，起到引导观众进入或退出影片的作用。 在 Premiere Pro CS4 中，利用"黑场"命令，可以为影片加入一段静态的黑场效果。创建黑场的具体操作步骤如下：

① 在"项目"面板中单击下方的 🔲（新建分项）按钮，然后从弹出的快捷菜单中选择"黑场"命令。

② 在弹出的图 2-87 所示的"新建黑场视频"对话框中设置相关参数后，单击"确定"按钮，即可将创建的黑场放入"项目"面板，如图 2-88 所示。

图2-87 "新建黑场视频"对话框

图2-88 "项目"面板中的"黑场"素材

2.6.4 彩色蒙板

从画面内容上看，彩色蒙板与黑场素材的效果极为类似，都是仅包含一种颜色的纯色素材。所不同的是，用户无法控制黑场素材的颜色，却可以根据影片需求任意调整颜色遮罩素材的颜色。创建彩色蒙板的具体操作步骤如下：

① 在"项目"面板中单击下方的 🔲（新建分项）按钮，然后从弹出的快捷菜单中选择"彩色蒙板"命令。

② 在弹出的图 2-89 所示的"新建彩色蒙板"对话框中设置相关参数后，单击"确定"按钮。然后在弹出的图 2-90 所示的"颜色拾取"对话框中设置好彩色蒙板的颜色，单击"确定"按钮。接着在弹出的图 2-91 所示的"选择名称"对话框中输入彩色蒙板的名称，单击"确定"按钮，即可将创建的彩色蒙板放入"项目"面板，如图 2-92 所示。

图2-89 "新建彩色蒙板"对话框

图2-90 拾取彩色蒙板的颜色

图2-91　输入彩色蒙板的名称

图2-92　"项目"面板中的"彩色蒙板"素材

2.7　脱机文件

脱机文件是指项目内的当前不可用素材文件，其产生原因多是由于项目所引用的素材文件已经被删除或移动。

在打开脱机文件时，Premiere Pro CS4 会在弹出的对话框中要求用户重新定位脱机素材的位置，如图 2-93 所示。此时，如果用户能够指出脱机素材新的文件位置，则项目会解决该素材文件的媒体脱机问题。反之，当打开脱机文件后，如果在"项目"面板中选择该素材文件，则"素材源"或"节目"面板内便将显示该素材的媒体脱机信息，如图 2-94 所示。

图2-93　重新定位脱机素材的位置

图2-94　"素材源"面板中显示媒体脱机信息

2.8　打包项目素材

制作一部稍微复杂的影视节目，所用到的素材会数不胜数。在这种情况下，除了使用"项目"面板对素材进行管理外，还应将项目所用到的素材全部归纳于一个文件夹内，以便进行统一的管理，这就是打包项目素材。打包项目素材的具体操作步骤如下：

① 执行菜单中的"项目 | 项目管理"命令。

② 在弹出的"项目管理"对话框中的"素材源"选项组内选择所要保留的序列，然后在"生成项目"选项组内设置项目文件归档方式，如图 2-95 所示，接着单击"路径"文本框右侧的"浏览"按钮，从弹出的"浏览文件夹"对话框中选择要放置打包文件的位置，如图 2-96 所示。单击"确定"按钮，即可创建一个放置所有项目素材的打包文件夹，如图 2-97 所示。

图2-95　"项目管理"对话框　　　图2-96　"浏览文件夹"对话框　　图2-97　创建的打包文件夹

2.9　实例讲解

本节将通过"制作多画面展示效果"和"制作卷页效果"2个实例来讲解Premiere Pro CS4 操作基础在实践中的应用。

2.9.1　制作多画面展示效果

 要点

本例将制作多画面展示效果，如图2-98所示。通过本例的学习，读者应掌握设置静止图片持续时间、利用文件夹来管理素材以及时间线嵌套的应用。

图2-98　多画面展示效果

操作步骤

1. 建立素材文件夹并导入素材

① 启动 Premiere Pro CS4，然后单击"新建项目"按钮，新建一个名称为"多画面展示效果"，编辑模式为标准 48 kHz 的 DV-NTSC 制的项目文件。

 提示

　　DV-NTSC 的时间基准为 30fps，也就是 1 s 有 30 帧。这一点在后面设置时要注意。

② 创建文件夹。方法：单击"项目"面板下方的 ■（新建文件夹）按钮，创建"10 帧"和"1 秒"两个文件夹，如图 2-99 所示。

③ 导入"10 帧"文件夹中的素材。方法：执行菜单中的"编辑 | 参数 | 常规"命令，在弹出的对话框中设置"静帧图像默认持续时间"为 10 帧，如图 2-100 所示，单击"确定"按钮。然后双击"10 帧"文件夹，进入编辑状态。接着执行菜单中的"文件 | 导入"（快捷键〈Ctrl+I〉）命令，在弹出的对话框中选择配套光盘中的"素材及结果 \ 第 2 章　Premiere Pro CS4 操作基础 \2.9.1 制作多画面展示效果 \01.jpg ～ 15.jpg"文件，如图 2-101 所示。

图2-99　创建"10 帧"和"1 秒"两个文件夹

图2-100　设置"静帧图像默认持续时间"为10帧

图2-101　导入01.jpg～15.jpg图片文件

④ 导入"1 秒"文件夹中的素材。方法：单击 ■ 按钮，从"10 帧"文件夹返回上级，然后执行菜单中的"编辑 | 参数 | 常规"命令，在弹出的对话框中设置"静帧图像默认持续时间"为 30 帧（即 NTSC 制式的 1 秒），再单击"确定"按钮。接着双击"1 秒"文件夹，执行菜单中的"文件 | 导入"（快捷键〈Ctrl+I〉）命令，导入配套光盘中的"素材及结果 \ 多画面展示效果 \01.jpg ～ 05.jpg"文件，如图 2-102 所示。

2.编辑序列1和序列2

① 编辑"序列1"。方法：选择"10帧"文件夹，将其拖入"时间线"面板中"视频1"轨道中，入点为00：00：00：00。此时，该文件夹中的15幅图片会依次放入到时间线中，总长度为150帧（即5 s），如图2-103所示。

② 新建"序列2"。方法：在"项目"面板空白处右击，从弹出的快捷菜单中选择"序列"命令，如图2-104所示。然后在弹出的对话框中进行设置，如图2-105所示。单击"确定"按钮，此时项目窗口中会产生一个名称为"序列02"的新序列，如图2-106所示。

图2-102 导入01.jpg～05.jpg图片文件

图2-103 将"10帧"文件夹拖入"视频1"轨道中

图2-104 选择"序列"命令

图2-105 设置"序列2"的参数

 提示

单击"项目"面板下方的 ▣（新建分项）按钮，也可弹出相同的快捷菜单。

③ 编辑"序列 2"。方法:选择"1 秒"文件夹,将其拖入"时间线"面板中"视频 2"轨道中,入点为 00:00:00:00。此时该文件夹中的 6 幅图片会依次放入到时间线中,总长度为 150 帧(即 5 秒),如图 2-107 所示。

图2-106 "序列"面板　　　　图2-107 "时间线:序列02"面板

3. 嵌套序列

① 同理,新建"序列 3"。然后将"项目"面板中的"序列 1"拖入"时间线"面板的"视频 1"轨道中,入点为 00:00:00:00,如图 2-108 所示。

② 将音频和视频进行分离。方法:右击"时间线"面板"视频 1"轨道中的"序列 1"素材,从弹出的快捷菜单中选择"解除视音频链接"命令,即可将二者进行分离。然后选择分离出的音频,按〈Delete〉键,将其进行删除,结果如图 2-109 所示。

图2-108 将"序列1"拖入"视频1"轨道中　　图2-109 删除"音频"后的效果

③ 将"视频 1"轨道中的"序列 01"素材复制到"视频 2"和"视频 3"中。方法:选择"时间线"面板"视频 1"轨道中的"序列 01"素材,按快捷键〈Ctrl+C〉进行复制。然后选择"视频 2"轨道,使其处于高亮状态,再将时间线滑块定位在 00:00:00:00,按快捷键〈Ctrl+V〉进行粘贴,结果如图 2-110 所示。接着选择"视频 3"轨道,使其处于高亮状态,再将时间线滑块定位在 00:00:00:00 位置,按快捷键〈Ctrl+V〉进行粘贴,结果如图 2-111 所示。

图2-110 将"序列1"粘贴到"视频2"轨道中　　图2-111 将"序列1"粘贴到"视频3"轨道中

④ 选择"项目"面板中的"序列 02"素材，然后将其拖入"时间线"面板的"视频3"轨道上方的空白处，此时会自动产生一个"视频4"轨道来放置"序列 02"，如图 2-112 所示。接着将"序列 02"的视频和音频进行分离，并删除分离后的音频，结果如图 2-113 所示。

提示

> 在进行多个序列嵌套时，某一序列不可以嵌套其本身，例如，"序列03"嵌套"序列02"，"序列02"嵌套了"序列01"，那么"序列01"就不能嵌套"序列02"或"序列03"了。

图2-112　将"序列1"粘贴到"视频2"轨道中　　　图2-113　将"序列1"粘贴到"视频3"轨道中

4. 调整"序列 01"和"序列 02"的位置和比例

下面分别对 4 个视频轨道上的"序列 01"和"序列 02"的比例和位置进行修改，使其在屏幕中同时显示。

① 选中最上层"视频 4"轨道中的"序列 02"素材，然后在"特效控制台"面板中将"缩放比例"的数值设置为 60.0，将"位置"的数值设置为 (250.0,240.0)，如图 2-114 示。

图2-114　设置"视频4"轨道上的"序列02"素材的位置和比例

② 选择"视频 3"轨道上的"序列 01"素材，然后在"特效控制台"面板中取消选中"等比缩放"复选框，以便分别修改"缩放高度"和"缩放宽度"。接着将"缩放高度"的数值设置为 18.0，将"缩放宽度"的数值设置为 25.0。最后将"位置"的数值设置为 (580,140)，如图 2-115 所示。

③ 同理，将"视频 2"轨道上的"序列 01"的将"缩放高度"的数值设置为 18.0，将"缩放宽度"的数值设置为 25.0，将"位置"的数值设置为 (580.0,240.0)，如图 2-116 所示。

图2-115　设置"视频3"轨道上的"序列01"素材的位置和比例

图2-116　设置"视频2"轨道上的"序列01"素材的位置和比例

④ 同理，将"视频1"轨道上的"序列 01"的将"缩放高度"的数值设置为18.0，将"缩放宽度"的数值设置为25.0，将"位置"的数值设置为(580.0,340.0)，如图 2-117 所示。

图2-117　设置"视频1"轨道上的"序列01"素材的位置和比例

⑤ 至此，制作整个多画面的展示效果制作完毕，下面执行菜单中的"文件|导出|媒体"命令，将其输出为"多画面展示效果.avi"文件。

2.9.2 制作卷页效果

 要点

本例将制作多种卷页效果，如图2-118所示。通过本例的学习，读者应掌握导入字幕文件、时间轴嵌套、创建"彩色蒙板"和"卷页"类视频切换效果的综合应用。

图2-118　卷页效果

操作步骤：

1. 编辑图片素材

① 启动 Premiere Pro CS4，然后单击"新建项目"按钮，新建一个名称为"制作卷页效果"，编辑模式为标准 48 kHz 的 DV-PAL 制的项目文件。

② 设置静止图片默认持续时间为3 s。方法：执行菜单中的"编辑|参数|常规"命令，在弹出的对话框中设置"静帧图像默认持续时间"为75帧，如图2-119所示。然后在"参数"对话框左侧选择"媒体"，再在右侧将"不确定的媒体时间基准"设置为25.00 fps，单击"确定"按钮。

③ 导入图片素材。方法：执行菜单中的"文件|导入"（快捷键〈Ctrl+I〉）命令，导入配套光盘中的"素材及结果\第2章 Premiere Pro CS4\9.2.2制作卷页效果\人物插画.jpg"、"包装盒立体展示效果图.jpg"、"面包纸盒包装设计.jpg"和"作品欣赏字幕.prtl"文件，如图2-120所示。

图2-119　设置"静帧图像默认持续时间"为75帧

图2-120　"项目"面板

2. 创建标题画面

① 制作蓝色背景。方法：单击"项目"面板下方的 🗋（新建分项）按钮，然后从弹出的快捷菜单中选择"彩色蒙板"命令，如图 2-121 所示。接着，在弹出的"新建彩色蒙板"对话框中保持默认参数，如图 2-122 所示，单击"确定"按钮。再在弹出的"颜色拾取"对话框中设置一种蓝色（RGB 为 (0,0,80)），如图 2-123 所示，单击"确定"按钮。最后，在弹出的"选择名称"对话框中保持默认名称，如图 2-124 所示，单击"确定"按钮，即可完成蓝色背景的创建，此时"项目"面板如图 2-125 所示。

图2-121　选择"彩色蒙板"命令　　　　图2-122　"新建彩色蒙板"对话框

图2-123　设置一种蓝色　　　图2-124　保持默认名称　　　图2-125　"项目"面板

② 从"项目"面板将"彩色蒙板"素材拖入"时间线"面板的"视频 1"轨道中，然后再将"作品欣赏字幕.prtl"素材拖入"时间线"面板的"视频 2"轨道中，入点均为 00:00:00:00，如图 2-126 所示，效果如图 2-127 所示。

图2-126　"时间线"面板　　　　　　　图2-127　标题画面效果

3. 添加翻页效果

① 翻页效果是在另一个时间线序列中完成的。首先创建一个新的序列。方法：单击"项目"面板下方的 🔲（新建分项）按钮，如图 2-128 所示，从弹出的快捷菜单中选择"序列"命令，然后在弹出的对话框中设置如图 2-129 所示，单击"确定"按钮。此时，"项目"面板中会产生一个名称为"序列 02"的新的序列，如图 2-130 所示。

图2-128　选择　　　　　图2-129　设置"序列 02"的参数　　　　图2-130　"项目"面板
"序列"命令

② 将"项目"面板中的"序列 01"素材拖入"时间线"面板的"视频 1"轨道中，入点为 00:00:00:00，如图 2-131 所示。然后右击"时间线"面板中的"序列 01"素材，从弹出的快捷菜单中选择"解除视音频链接"命令，即可将"序列 01"的视频和音频进行分离。接着选择分离出的音频，按〈Delete〉键，将其进行删除，结果如图 2-132 所示。

图2-131　"时间线"面板　　　　　　　　　图2-132　标题画面效果

③ 在"项目"面板中按住〈Ctrl〉键，依次选择"人物插画.jpg"、"包装盒立体展示效果图.jpg"和"面包纸盒包装设计.jpg"，将它们拖入"时间线"面板的"视频 1"轨道中，入点为 00:00:03:00（即与"序列 01"素材结尾处相接）。此时，"时间线"面板会按照素材选择的先后顺序将素材依次排列，如图 2-133 所示。

④ 在"序列 01"结尾处添加"页面剥落"卷页效果。方法：在"效果"面板中展开"视频特效"文件夹，然后选择"卷页"中的"页面剥落"视频切换，如图 2-134 所示。接着将

其拖入"时间线"面板中的"视频 1"轨道中的"序列 02"素材的结尾处，此时鼠标会变为⊒形状，最后松开鼠标，即可将"页面剥落"卷页效果添加到"序列 02"素材的结尾处，如图 2-135 所示。

图 2-133　将三个素材拖入"视频 1"轨道

图2-134　选择"页面剥落"　图2-135　将"页面剥落"卷页效果添加到"序列02"素材的结尾处

⑤　此时在"节目"面板中单击▶按钮，即可看到"序列 01"与"人物插画.jpg"素材之间的卷页效果，如图 2-136 所示。

图2-136　"序列01"与"人物插画.jpg"素材之间的卷页效果

⑥　在"人物插画.jpg"和"包装盒立体展示效果图.jpg"之间添加"中心剥落"卷页效果。方法：在"效果"面板中展开"视频特效"文件夹，然后选择"卷页"中的"中心剥落"视频切换，如图 2-137 所示。接着将其拖入"时间线"面板中的"视频 1"轨道中"人物插画.jpg"和"包装盒立体展示效果图.jpg"之间的位置，此时鼠标会变为⊡形状，再松开鼠标，即可将"中心剥落"卷页效果添加到"人物插画.jpg"和"包装盒立体展示效果图.jpg"之间的位置，如图 2-138 所示。此时在"节目"面板中单击▶按钮，即可看到"人物插画.jpg"与"包装盒立体展示效果图.jpg"素材之间的卷页效果，如图 2-139 所示。

图2-137 选择"中心剥落"

图2-138 在"人物插画.jpg"和"包装盒立体展示效果图.jpg"
之间添加"中心剥落"视频切换

图2-139 "人物插画.jpg"与"包装盒立体展示效果图.jpg"素材之间的卷页效果

⑦ 同理，在"包装盒立体展示效果图.jpg"和"面包纸盒包装设计.jpg"之间添加"剥开背面"视频切换效果，如图2-140所示。然后在"节目"面板中单击 ▶ 按钮，即可看到"包装盒立体展示效果图.jpg"与"面包纸盒包装设计.jpg"素材之间的卷页效果，如图2-141所示。

图2-140 在"包装盒立体展示效果.jpg"和"面包纸盒包装设计.jpg"之间添加"剥开背面"卷页效果

图2-141 "包装盒立体展示效果图.jpg"与"面包纸盒包装设计.jpg"素材之间的卷页效果

⑧ 至此，制作整个卷页效果制作完毕，下面执行菜单中的"文件|导出|媒体"命令，将其输出为"卷页效果.avi"文件。

课 后 练 习

1. 填空题

（1）使用_____工具只会删除目标轨道中选定范围内的素材片断，对其前、后的素材以及其他轨道上的素材的位置不会产生影响；而使用_____工具不但会删除目标轨道中指定的片断，还会将其后的素材前移，填补空缺。

（2）利用_____命令，即可分离素材的视频和音频部分。

2. 选择题

（1）下列哪些是 Premiere Pro CS4 可以导入的素材类型？（　　　）

A. AI　　　　　　　B. SWF　　　　　　　C. PSD　　　　　　　D. MP3

（2）选择"工具"面板中的_____工具，可以在不改变素材的内容长度的状态下，改变素材播放的时间长度，以达到改变片断播放速度的效果？（　　　）

A. 　　　　　　B. 　　　　　　C. 　　　　　　D.

3. 问答题 / 上机题

（1）简述设置图像素材的时间长度的方法。

（2）简述打包项目素材的方法。

（3）简述设置素材的入点和出点的方法。

（4）利用配套光盘中的"课后练习\第 2 章\练习 1"中的相关素材制作图 2-142 所示的多画面展示效果。

图2-142　多画面展示效果

（5）利用配套光盘中的"课后练习\第 2 章\练习 2"中的相关素材制作图 2-143 所示的卷页效果。

图2-143　卷页效果

第 3 章

视频切换的应用

在电视节目及电影的制作过程中，视频切换是用于连接素材时常用的手法。通过本章学习，读者应掌握以下内容：

- 视频切换的设置；
- 常用视频切换的应用。

3.1 视频切换的设置

在制作影片的过程中，镜头与镜头之间的连接和切换可分为有技巧切换和无技巧切换两种类型。其中，无技巧切换是指在镜头与镜头之间的直接切换，这是最基本的组接方法之一。而有技巧切换是指在镜头组接时加入淡入淡出、叠化等视频转场过渡手法，使镜头之间的过渡更加多样化。

3.1.1 视频切换的基本功能

在制作一部电影作品时，往往要用到成百上千的镜头。这些镜头的画面和视角大都千差万别，因此直接将这些镜头链接在一起会让整部影片显示时断断续续。为此，在编辑影片时便需要在镜头之间添加视频切换，使镜头与镜头间的过渡更为自然、顺畅，使影片的视觉连续性更强。

3.1.2 添加视频切换

给素材添加视频切换效果的具体操作步骤如下：

① 执行菜单中的"文件|导入"（快捷键〈Ctrl+I〉）命令，导入配套光盘中的"素材及结果\第3章视频切换的应用\风景1.jpg"和"风景2.jpg"图片，然后将它们依次拖入时间线中首尾相接，如图3-1所示。

图3-1 将素材拖入"时间线"面板，并首尾相接

② 执行菜单中的"窗口|效果"命令,调出"效果"面板,然后展开"视频切换"文件夹,从中选择所需的视频切换(此时选择的是"3D 运动"中的"门"),如图 3-2 所示。接着将该切换效果拖到时间线"风景 1"素材的尾部,当出现█标记后松开鼠标,即可完成切换效果的添加,此时"时间线"面板如图 3-3 所示。

提示

当出现█标记时,表示将在后面素材的起始处添加过渡效果;当出现█标记时,表示将在两个素材之间添加过渡效果;当出现█标记时,表示将在前面素材的结束处添加过渡效果。

图3-2　选择"门"　　　　　　　　　　　图3-3　添加"门"视频切换效果

提示

将时间滑块定位在要添加视频切换的两个素材的相交处,按快捷键〈Ctrl+D〉,可在素材之间添加一个系统默认的"交叉叠化"视频切换。

3.1.3　改变视频切换的设置

在 Premiere Pro CS4 中,可以对添加到剪辑上的切换效果进行设置,以满足不同特效的需要。在"时间线"面板中选择添加到素材的切换(此时选择的是█),此时在"效果控制台"面板中便会显示出该视频转场的各项参数,如图 3-4 所示。

- ▶ (播放转场过渡效果):单击该按钮,可以在下面的预览窗口中对效果进行预览。
- ▧ (显示 / 隐藏时间线视图):如果要增大切换控制面板空间,可以单击此按钮,将"特效控制台"右侧进行隐藏,结果如图 3-5 所示;如果要取消隐藏,单击▧按钮即可恢复时间线显示。

图3-4　"特效控制台"面板

图3-5　隐藏面板右侧的效果

- 持续时间：用于设定切换的持续时间。

- 对齐：用于设置切换的添加位置。其下拉列表如图 3-6 所示。

  选择"居中于切点"选项，则会在两端影片之间加入切换效果，如图 3-7 所示；选择"开始于切点"选项，则会以片段 B 的 入点为准建立切点，如图 3-8 所示；选择"结束于切点"选项，则会以片段 A 的出点位置为准建立切换，如图 3-9 所示。

  图3-6 "对齐"下拉列表

图3-7 选择"居中于切点"的效果

图3-8 选择"开始于切点"的效果

图3-9 选择"结束于切点"的效果

- 开始：用于调整转场的开始效果。
- 结束：用于调整转场的结束效果。
- A 和 B：表示剪辑的切换画面，通常第一个剪辑的切换画面用 A 表示，第二个剪辑的切换画面用 B 表示。
- 显示实际来源：选中该复选框，将以实际的画面替代 A 和 B，如图 3-10 所示。
- 边宽：用于设定切换的边界线宽，如图 3-11 所示。
- 边色：用于设定切换的边界颜色。
- 反转：选中该复选框后，将反向播放切换效果。图 3-12 为选中"反转"复选框的效果。

图3-10 显示实际来源的效果　　图3-11 设置"边宽"的效果　　图3-12 选中"反转"复选框的效果

3.1.4 清除和替换视频切换

在编排镜头的过程中，有些时候很难预料镜头在添加视频切换后产生怎样的效果。此时往往需要通过清除、替换视频切换的方法，尝试应用不同的视频切换，并从中选择出最为合适的效果。

1. 清除视频切换

清除视频切换的具体操作步骤为：在"时间线"面板中选择要清除的视频切换，然后按〈Delete〉键即可。

2. 替换视频切换

替换视频切换的具体操作步骤为：在"效果"面板"视频切换"文件夹中选择要新的视频切换，然后将其拖到要替换的视频切换上即可。

3.2 视频切换的分类

在 Premiere Pro CS4 中，系统提供了 70 多种视频切换效果。这些视频切换被分类后放置在"效果"面板"视频切换"文件夹中的 11 个文件夹中，如图 3-13 所示。每种视频切换都有其适合的应用范围，而了解这些视频切换的不同效果与作用，则有利于制作出效果更好的影片。下面就来具体讲解这些视频切换的效果和作用。

3.2.1 3D 运动

"3D 运动"类视频切换主要体现镜头之间的层次变化，从而给观众带来一种从二维空间到三维空间的立体视觉效果。"3D 运动"类视频切换包括"向上折叠"、"帘式"、"摆入"、"摆出"、"旋转"、"旋转离开"、"立方体旋转"、"筋头过渡"、"翻转"和"门"10 种视频切换，如图 3-14 所示。

图3-13 "视频切换"文件夹   图3-14 "3D运动"类视频切换

1. 向上折叠

在应用"向上折叠"视频切换后，第 1 个镜头中的画面将会像"折纸"一样被折叠起来，从而显示出第 2 个镜头，效果如图 3-15 所示。

图3-15 "3D折叠"视频切换的效果

2. 帘式

在"帘式"视频切换中，前一个镜头将会在画面中心处被分割为两部分，并采用向两侧拉开窗帘的方式显示下一个镜头中的画面，效果如图 3-16 所示。

图3-16 "帘式"视频切换的效果

3. 摆入

使用"摆入"视频切换，可以使素材以某条边为中心像钟摆一样进入，效果如图 3-17 所示。

图3-17 "摆入"视频切换的效果

4. 摆出

"摆出"视频切换效果与"摆入"视频切换效果一样，但方向相反，效果如图 3-18 所示。

图3-18　"摆出"视频切换的效果

5. 旋转

使用"旋转"视频切换可以使第 2 个镜头画面从第 1 个镜头画面中心处逐渐扩展开来，从而产生平面压缩的切换效果。该视频切换的特征是镜头 2 画面的高度适中保持正常，变化的只是镜头 2 画面的宽度，效果如图 3-19 所示。

图3-19　"旋转"视频切换的效果

6. 旋转离开

使用"旋转离开"视频切换可以使第 2 个镜头画面从第 1 个镜头画面出"翻出"，从而产生透视旋转的效果，效果如图 3-20 所示。

图3-20　"旋转离开"视频切换的效果

7. 立方体旋转

在"立方体旋转"视频切换中，镜头 1 与镜头 2 画面都只是某个立方体的一个面，而整个视频切换所展现的是在立方体旋转过程中，画面从一个面（镜头 1 画面）切换至另一个面（镜头 2 画面）的效果，如图 3-21 所示。

图3-21　"立方体旋转"视频切换的效果

8. 筋头过渡

"筋头过渡"视频切换采用的是镜头1画面在翻转时不断缩小，直到消失来显示镜头2画面，产生的是透视旋转效果，效果如图3-22所示。

图3-22　"筋头过渡"视频切换的效果

9. 翻转

"翻转"视频切换可以使镜头1翻转到镜头2。其中的镜头1和镜头2更像是平面物体的两个面，而该物体翻转结束后，朝向屏幕的画面由原来的镜头1画面改为了镜头2画面，效果如图3-23所示。

图3-23　"翻转"视频切换的效果

10. 门

使用"门"视频切换可以产生开门式的切换效果，如图3-24所示。

图3-24　"翻转"视频切换的效果

3.2.2　GPU 过渡

"GPU 过渡"类视频切换主要利用视频显示卡提供的附加视频处理功能来实现视频切换，该类视频切换中的第2个镜头往往会采用翻转或滚动等方式出现。"GPU 过渡"类视频切换包括"中心剥落"、"卡片翻转"、"卷页"、"球体"和"页面滚动"5种视频切换，如图3-25所示。

图3-25　"GPU过渡"类视频切换

1. 中心剥落

使用"中心剥落"视频切换可以将第1个镜头中的画面

从中心位置分割为 4 块后，逐渐将它们卷向屏幕四角，直至第 2 个镜头中的画面完全显现出来，效果如图 3-26 所示。

图3-26　　"中心剥落"视频切换的效果

2. 卡片翻转

"卡片翻转"视频切换可以将画面分为多个相同大小的小画面。在视频切换开始播放后，这些小的卡片式画面便会进行 180°的翻转，直到镜头 2 画面完全显现在屏幕上，效果如图 3-27 所示。

图3-27　　"中心剥落"视频切换的效果

3. 卷页

"卷页"视频切换可以从屏幕的一角卷起镜头 1 画面，并将镜头 1 画面卷至对角后，完全显露出下面的镜头 2 画面，效果如图 3-28 所示。

图3-28　　"卷页"视频切换的效果

4. 球体

使用"球体"视频切换可以让屏幕上第 1 个画面的内容快速变化为一个球体，仿佛该画面是由球体表面深圳开后所形成的一般。然后球体会在屏幕上快速滚动开来，直到消失在屏幕中，效果如图 3-29 所示。

图3-29　　"页面滚动"视频切换的效果

5. 页面滚动

"页面滚动"视频切换可以将镜头 1 的画面像翻页一样从屏幕一侧顺势卷起后，然后完全显现出下面的镜头 2 画面，效果如图 3-30 所示。

图3-30 "页面滚动"视频切换的效果

3.2.3 伸展

"伸展"类视频切换主要通过素材的伸缩来达到画面切换的目的，通过该类视频切换可以制作出挤压、飞入等多种效果。"伸展"类视频切换包括"交叉伸展"、"伸展"、"伸展覆盖"和"伸展进入" 4 种视频切换，如图 3-31 所示。

1. 交叉伸展

"交叉伸展"视频切换可以使镜头 1 的画面从一个边伸展进入，同时镜头 2 的画面收缩消失，效果如图 3-32 所示。

图3-31 "伸展"类视频切换

图3-32 "交叉伸展"视频切换的效果

> **提示**
>
> "交叉伸展"视频切换与前面"立方体旋转"视频切换的区别在于该视频切换不具有透视效果。

2. 伸展

在"伸展"视频切换中，镜头 1 画面的尺寸、位置始终不会发生变化。不过随着镜头 2 画面从屏幕的一侧切入，而且其宽度的不断变化，最终整个屏幕范围都将会被镜头 2 的画面所占据，效果如图 3-33 所示。

图3-33 "伸展"视频切换的效果

3. 伸展覆盖

"伸展覆盖"视频切换是在镜头 2 画面被拉伸后,从画面水平中心线处以极度变形的姿态出现。然后镜头 2 画面的比例慢慢恢复正常,并最终完全覆盖在镜头 1 画面之上,效果如图 3–34 所示。

图3–34　"伸展覆盖"视频切换的效果

4. 伸展进入

"伸展进入"视频切换是在镜头 2 画面被无限放大的情况下,以渐显的方式出现,并在极短时间内恢复画面的正常比例与透明度,从而覆盖在镜头 1 画面上方,效果如图 3–35 所示。

图3–35　"伸展进入"视频切换的效果

3.2.4　划像

"划像"类视频切换主要是将镜头 2 画面按照不同的形状(如圆形、方形、菱形等)在镜头 1 画面上展开,并最终覆盖镜头 1 画面。"划像"类视频切换包括"划像交叉"、"划像形状"、"圆划像"、"星形划像"、"点划像"、"盒形划像"和"菱形划像"7 种视频切换,如图 3–36 所示。

1. 划像交叉

"划像交叉"视频切换可以使镜头 2 画面以十字状的形态出现在镜头 1 画面中,然后随着"十字"的逐渐变大,镜头 2 画面会完全覆盖镜头 1 画面,效果如图 3–37 所示。

2. 划像形状

"划像形状"视频切换可以使镜头 2 画面以 1 个或多个自定义的形状出现,然后逐渐随着自定义形状的逐渐变大,镜头 2 画面会完全覆盖镜头 1 画面。图 3–38 为使用菱形自定义形状后的划像效果。

图3–36　"划像"类视频切换

图3-37 "划像交叉"视频切换的效果

图3-38 "划像形状"视频切换的效果

3. 圆划像

"圆划像"视频切换可以使镜头 2 画面以圆形的形状出现，然后随着圆形形状的逐渐变大，镜头 2 画面会完全覆盖镜头 1 画面，效果如图 3-39 所示。

图3-39 "圆划像"视频切换的效果

4. 星形划像

"星形划像"视频切换可以使镜头 2 画面以星形的形状出现，然后随着星形形状的逐渐变大，镜头 2 画面会完全覆盖镜头 1 画面，效果如图 3-40 所示。

图3-40 "星形划像"视频切换的效果

5. 点划像

"点划像"视频切换可以使镜头 2 画面以 X 形状逐渐在镜头 1 画面上展开，并最终覆盖镜头 1 画面，效果如图 3-41 所示。

6. 盒形划像

"盒形划像"视频切换可以使镜头 2 画面以矩形的形状出现，然后随着矩形形状的逐渐变大，镜头 2 画面会完全覆盖镜头 1 画面，效果如图 3-42 所示。

图3-41　"星形划像"视频切换的效果

图3-42　"星形划像"视频切换的效果

7. 菱形划像

"菱形划像"视频切换可以使镜头 2 画面以菱形的形状出现，然后随着菱形形状的逐渐变大，镜头 2 画面会完全覆盖镜头 1 画面，效果如图 3-43 所示。

图3-43　"星形划像"视频切换的效果

3.2.5　卷页

"卷页"类视频切换与部分"GPU 过渡"类视频切换的效果很相似，两者的区别在于"GPU 过渡"类视频切换的立体效果会更为明显、逼真，而"卷页"类视频切换则仅关注镜头切换时的视觉效果。"卷页"类视频切换包括"中心剥落"、"剥开背面"、"卷走"、"翻页"和"页面剥落"5 种视频切换，如图 3-44 所示。

1. 中心剥落

"中心剥落"视频切换可以使镜头 1 画面从中心开始，分裂成 4 个卷页并被同时卷出，从而展现出镜头 2 画面，效果如图 3-45 所示。

2. 剥开背面

图3-44　"卷页"类视频切换

"剥开背面"视频切换可以使镜头 1 画面从中心开始，分裂成 4 个卷页，然后按顺时针方向逐一卷出，从而展现出镜头 2 画面，效果如图 3-46 所示。

图3-45 "中心剥落"视频切换的效果

图3-46 "剥开背面"视频切换的效果

3. 卷走

"卷走"视频切换可以使镜头 1 画面像画纸一样被卷起，直到全部显露出镜头 2 画面为止，效果如图 3-47 所示。

图3-47 "卷走"视频切换的效果

4. 翻页

"翻页"视频切换可以使镜头 1 画面卷起时，背面卷页部分仍旧显示镜头 1 的画面，效果如图 3-48 所示。

图3-48 "翻页"视频切换的效果

5. 页面剥落

"页面剥落"视频切换与"翻页"视频切换效果类似，只是在镜头 1 画面卷起时，背面卷页部分不显示镜头 1 的画面，效果如图 3-49 所示。

图3-49　"页面剥落"视频切换的效果

3.2.6　叠化

"叠化"类视频切换主要以淡入淡出的形式来完成不同镜头间的转场过渡，从而使前一个镜头中的画面以柔和的方式过渡到后一个镜头的画面中。"叠化"类视频切换包括"交叉叠化（标准）"、"抖动溶解"、"白场过渡"、"附加叠化"、"随机反相"、"非附加叠化"和"黑场过渡"7种视频切换，如图3-50所示。

1. 交叉叠化（标准）

"交叉叠化（标准）"是系统默认的视频切换，该视频切换随着镜头1画面逐渐淡出的同时，镜头2画面逐渐淡入，直到完全显现，效果如图3-51所示。

2. 抖动溶解

"抖动溶解"视频切换会在镜头1画面内产生数量众多的点状矩阵。在这些点状矩阵发生一系列变化的同时，屏幕中的镜头1画面会被快速替换为镜头2画面，效果如图3-52所示。

图3-50　"叠化"类视频切换

图3-51　"交叉叠化（标准）"视频切换的效果

图3-52　"抖动溶解"视频切换的效果

3. 白场过渡

所谓白场就是屏幕呈现单一的白色。"白场过渡"视频切换是指镜头1画面在逐渐变为白色后，屏幕内容再从白色逐渐变为镜头2画面，效果如图3-53所示。

图3-53 "白场过渡"视频切换的效果

4. 附加叠化

"附加叠化"视频切换是在镜头 1 画面淡出和镜头 2 画面淡入的同时，附加一种屏幕内容逐渐过曝并消隐的效果，如图 3-54 所示。

图3-54 "附加叠化"视频切换的效果

5. 随机反相

"随机反相"视频切换是在镜头 1 画面上先以随机块形式反转色彩，然后镜头 2 画面以随机块形式逐渐显示，效果如图 3-55 所示。

图3-55 "随机反相"视频切换的效果

6. 非附加叠化

"非附加叠化"视频切换会比较镜头 1 和镜头 2 画面的亮度，然后从镜头 2 画面较亮的区域逐渐显示，效果如图 3-56 所示。

图3-56 "非附加叠化"视频切换的效果

7. 黑场过渡

所谓黑场就是屏幕呈现单一的黑色。"黑色场过渡"视频切换是指镜头 1 画面在逐渐变为黑色后，屏幕内容再从黑色逐渐变为镜头 2 画面，效果如图 3-57 所示。

图3-57　"黑场过渡"视频切换的效果

3.2.7　擦除

"擦除"类视频切换是在画面的不同位置，以多种不同形式来抹除镜头 1 画面，然后显现出镜头 2 中的画面。"擦除"类视频切换包括"双侧平推门"、"带状擦除"、"径向划变"、"插入"、"擦除"、"时钟式划变"、"棋盘"、"棋盘划变"、"楔形划变"、"水波块"、"油漆飞溅"、"渐变擦除"、"百叶窗"、"螺旋框"、"随机块"、"随机擦除"和"风车"17 种视频切换，如图 3-58 所示。

1. 双侧平推门

"双侧平推门"视频切换可以使镜头 2 画面以极小的宽度，但长度与屏幕相同的尺寸显现在屏幕中央，然后镜头 2 画面会向左右两边同时伸展，直到完全覆盖镜头 1 画面，效果如图 3-59 所示。

2. 带状擦除

图3-58　"擦除"类视频切换

"带状擦除"视频切换可以使镜头 2 画面从水平方向以条状进入并覆盖镜头 1 画面，效果如图 3-60 所示。

图3-59　"双侧平推门"视频切换的效果

图3-60　"带状擦除"视频切换的效果

3. 径向划变

"径向划变"视频切换默认是以屏幕左上角为圆心,以顺时针方向擦除镜头1画面,从而显现出后面的镜头2画面,效果如图3-61所示。

图3-61 "径向划变"视频切换的效果

4. 插入

"插入"视频切换是通过一个逐渐放大的镜头框,将镜头1画面默认从屏幕的左上角开始擦除,直到完全显现出镜头2画面为止,效果如图3-62所示。

图3-62 "插入"视频切换的效果

5. 擦除

"擦除"视频切换可以使镜头2画面默认从屏幕左侧显现出来,然后逐渐推向右侧,直到镜头2画面完全占据屏幕为止,效果如图3-63所示。

图3-63 "擦除"视频切换的效果

6. 时钟式划变

"时钟式划变"视频切换是以屏幕中心为圆心,采用时钟转动的方式擦除镜头1画面,效果如图3-64所示。

图3-64 "时钟式划变"视频切换的效果

7. 棋盘

"棋盘"视频切换可以使镜头 1 画面以棋盘方式默认从上往下消失而过渡到镜头 2 画面，效果如图 3-65 所示。

图3-65　"棋盘"视频切换的效果

8. 棋盘划变

"棋盘划变"视频切换可以以棋盘划出的方式来显现镜头 2 画面，效果如图 3-66 所示。

图3-66　"棋盘划变"视频切换的效果

9. 楔形划变

"楔形划变"视频切换是以屏幕中心为圆心，将镜头 2 画面呈扇形打开，直到完全覆盖镜头 1 画面，效果如图 3-67 所示。

图3-67　"楔形划变"视频切换的效果

10. 水波块

"水波形"视频切换可以将镜头 2 中的画面分成若干方块后，按水平顺序逐个覆盖镜头 1 画面，直到完全显现出镜头 2 画面为止，效果如图 3-68 所示。

图3-68　"水波划变"视频切换的效果

11. 油漆飞溅

"油漆飞溅"视频切换可以使镜头 2 画面以墨点喷溅的方式覆盖镜头 1 画面，效果如图 3-69 所示。

图3-69 "油漆飞溅"视频切换的效果

12. 渐变擦除

"渐变擦除"视频切换是以溶解图像的方式，从屏幕左上角往右下角将镜头 1 画面逐渐转换为镜头 2 画面，效果如图 3-70 所示。

图3-70 "渐变擦除"视频切换的效果

13. 百叶窗

"百叶窗"视频切换是将镜头 2 画面分割成若干个贯穿整个屏幕的横条，然后随着这些横条逐渐加粗，镜头 2 画面便会被镜头 1 画面所取代，效果如图 3-71 所示。

图3-71 "百叶窗"视频切换的效果

14. 螺旋框

"螺旋框"视频切换可以使镜头 2 画面以螺旋状逐渐旋转擦除镜头 1 画面，直至完全显现出镜头 2 画面，效果如图 3-72 所示。

图3-72 "螺旋框"视频切换的效果

15. 随机块

"随机块"视频切换可以使镜头 2 画面以方块状随机出现的方式覆盖镜头 1 画面，效果如图 3-73 所示。

图3-73　"随机块"视频切换的效果

16. 随机擦除

"随机擦除"视频切换可以使镜头 2 画面以随机块的方式默认屏幕顶部开始从上往下逐渐擦除镜头 2 画面，效果如图 3-74 所示。

图3-74　"随机擦除"视频切换的效果

17. 风车

"风车"视频切换可以使镜头 2 画面以风轮状覆盖镜头 1 画面，效果如图 3-75 所示。

图3-75　"风车"视频切换的效果

3.2.8　映射

"映射"类视频切换主要通过更改某一镜头画面的色彩，来达到在两个镜头之间插入其他内容，并以此实现转场过渡效果的目的。"映射"类视频切换包括"明亮度映射"和"通道映射"2 种视频切换，如图 3-76 所示。

1. 明亮度映射

"明亮度映射"视频切换是通过对镜头 1 画面与镜头 2 画面的明亮度计算后，根据计算结果将它们叠加在一起作为切换时的过渡画面，效果如图 3-77 所示。

图3-76　"映射"类视频切换

图3-77 "明亮度映射"视频切换的效果

2. 通道映射

"通道映射"视频切换是通过更改镜头 1 画面与镜头 2 画面色彩间的对应关系来生成新的画面内容，并将其作为镜头 1 与镜头 2 切换时的过渡画面，效果如图 3-78 所示。

图3-78 "通道映射"视频切换的效果

3.2.9 滑动

"滑动"类视频切换主要通过画面的平移变化来实现镜头画面间的切换。"滑动"类视频切换包括"中心合并"、"中心拆分"、"互换"、"多旋转"、"带状滑动"、"拆分"、"推"、"斜线滑动"、"滑动"、"滑动带"、"滑动框"和"漩涡"12 种视频切换，如图 3-79 所示。

1. 中心合并

"中心合并"视频切换是将镜头 1 画面均分为 4 部分后，让这 4 部分镜头 1 画面同时向屏幕中心挤压，并最终变为一个点后在屏幕上消失，从而显现出镜头 2 画面，效果如图 3-80 所示。

图3-79 "滑动"类视频切换

图3-80 "中心合并"视频切换的效果

2. 中心拆分

"中心合并"视频切换是将镜头 1 画面均分为 4 部分后，让这 4 部分镜头 1 画面同时向屏幕四角移动，直到移出屏幕，从而显现出镜头 2 画面，效果如图 3-81 所示。

图3-81　"中心拆分"视频切换的效果

3. 互换

"互换"视频切换采用了一种类似于"切牌"式画面的转换方式，即在前半段视频切换中，镜头 1 画面和镜头 2 画面分别向屏幕的左右两侧水平移动。当进入后半段转场时，两个镜头的画面再向反方向移动，同时原本在镜头 1 画面下方的镜头 2 画面此时会覆盖镜头 1 画面，效果如图 3-82 所示。

图3-82　"互换"视频切换的效果

4. 多旋转

"多旋转"视频切换可以使镜头 2 画面被分割成若干个尺寸相同的区域，然后分别以各自区域的中心为轴同时从小到大进行旋转，直到铺满整个屏幕，效果如图 3-83 所示。

图3-83　"多旋转"视频切换的效果

5. 带状滑动

"带状滑动"视频切换可以使镜头 2 画面以条状从屏幕左右两侧滑入，并逐渐覆盖镜头 1 画面，效果如图 3-84 所示。

图3-84　"带状滑动"视频切换的效果

6. 拆分

"拆分"视频切换可以使镜头 1 画面像自动门一样从屏幕中央打开，从而显现出镜头 2 画面，效果如图 3-85 所示。

图3-85 "拆分"视频切换的效果

7. 推

"推"视频切换可以产生镜头 2 画面将镜头 1 画面退出屏幕的效果，效果如图 3-86 所示。

图3-86 "推"视频切换的效果

8. 斜线滑动

"斜线滑动"视频切换可以将镜头 2 画面分割为倾斜的线条切片，然后按照默认从屏幕的左上角滑入，直至全部覆盖镜头 1 画面位置，效果如图 3-87 所示。

图3-87 "斜线滑动"视频切换的效果

9. 滑动

"滑动"视频切换可以使镜头 2 画面默认从屏幕左侧滑入，然后覆盖镜头 1 画面，效果如图 3-88 所示。该视频切换与"推"视频切换的区别在于镜头 2 的位置始终没有改变。

图3-88 "滑动"视频切换的效果

10. 滑动带

"滑动带"视频切换可以使镜头 2 画面在垂直或水平线条中逐渐显现出来，效果如图 3-89 所示。

图3-89　"滑动带"视频切换的效果

11. 滑动框

"滑动框"视频切换可以使镜头 2 画面在宽且均匀的条带中逐渐显现出来，效果如图 3-90 所示。

图3-90　"滑动框"视频切换的效果

12. 漩涡

"漩涡"视频切换可以使镜头 2 画面被分割成若干个尺寸相同的区域，然后以屏幕中心为轴开始小到大进行旋转，直到铺满整个屏幕，效果如图 3-91 所示。这里需要注意的是，该视频切换与"多旋转"视频切换中的多个区域都是旋转进入屏幕，但是前者是是以屏幕中心为轴，而后者是以各自区域的中心为轴。

图3-91　"漩涡"视频切换的效果

3.2.10　特殊效果

"特殊效果"类视频切换是根据画面的通道、纹理和色彩等方面的参数来使用特殊效果，从而达到镜头 2 画面覆盖镜头 1 画面的目的。"特殊效果"类视频切换包括"映射红蓝通道"、"纹理"和"置换"3 种视频切换，如图 3-92 所示。

1. 映射红蓝通道

"映射红蓝通道"视频切换可以将镜头 1 画面映射给镜头 2 画面的红通道和蓝通道，从而产生一个新的图像。然后再将该图像作为两个镜头之间的画面过渡，效果如图 3-93 所示。

图3-92　"特殊效果"类视频切换

图3-93　"映射红蓝通道"视频切换的效果

2. 纹理

"纹理"视频切换可以将镜头 1 画面作为纹理映射在镜头 2 画面上，从而产生一个新的图像。然后再将该图像作为两个镜头之间的画面过渡，效果如图 3-94 所示。

图3-94　"纹理"视频切换的效果

3. 置换

"置换"视频切换是以镜头 1 画面作为位移图，然后分别用水平和垂直的错位来影响视频 2 画面，并产生一个新的图像。然后再将该图像作为两个镜头之间的画面过渡，效果如图 3-95 所示。

图3-95　"置换"视频切换的效果

3.2.11　缩放

"缩放"类视频切换主要是将镜头 1 画面或者镜头 2 画面，以不同的形状和样式缩小消失、放大出现或者二者交替，从而达到镜头 2 画面覆盖镜头 1 画面的目的。"缩放"类视频切换包括"交叉缩放"、"缩放"、"缩放拖尾"和"缩放框"4 种视频切换，如图 3-96 所示。

图3-96　"缩放"类视频切换

1. 交叉缩放

"交叉缩放"视频切换可以使镜头 1 画面放大冲出屏幕，然后镜头 2 画面缩小进入，效果如图 3-97 所示。

图3-97　"交叉缩放"视频切换的效果

2. 缩放

"缩放"视频切换可以使镜头 2 画面从屏幕中央放大，从而覆盖镜头 1 画面，效果如图 3-98 所示。

图3-98　"缩放"视频切换的效果

3. 缩放拖尾

"缩放拖尾"视频切换会使镜头 1 画面在逐渐缩小的过程中留下缩小之前的部分画面，即"拖尾"画面。然后随着拖尾画面的逐渐缩小，镜头 1 画面将完全从屏幕上消失，取而代之的便是镜头 2 画面，效果如图 3-99 所示。

图3-99　"缩放拖尾"视频切换的效果

4. 缩放框

"缩放框"视频切换可以将镜头 2 画面分割为多个均匀的方块，然后在屏幕上同时放大这些方块，直到镜头 2 画面铺满屏幕位置，效果如图 3-100 所示。

图3-100　"缩放框"视频切换的效果

3.3 实例讲解

本节将通过"制作四季过渡效果"、"制作画中画的广告效果"、"制作自定义视频切换效果"和"制作多层切换效果"4个实例来讲解 Premiere Pro CS4 的视频切换在实践中的应用。

3.3.1 制作四季过渡效果

 要点

本例将制作4幅图片逐渐过渡的效果，如图3-101所示。通过本例的学习，读者应掌握设置视频过渡效果的持续时间以及添加默认"交叉叠化"视频切换效果方法。

图3-101　四季过渡效果

 操作步骤

1. 编辑图片素材

① 启动 Premiere Pro CS4，然后单击"新建项目"按钮，名称为"四季过渡效果"，编辑模式为标准 48 kHz 的 DV-PAL 制的项目文件。

② 设置静止图片默认持续时间为 3 s。方法：执行菜单中的"编辑|参数|常规"命令，在弹出的对话框中设置"静帧图像默认持续时间"为 75 帧，如图 3-102 所示。然后在"参数"对话框左侧选择"媒体"，再在右侧将"不确定的媒体时间基准"设置为 25.00 fps，单击"确定"按钮。

③ 导入图片素材。方法：执行菜单中的"文件|导入"（快捷键〈Ctrl+I〉）命令，导入配套光盘中的"素材及结果\第3章 视频切换的应用\3.3.1制作四季过渡效果\春.jpg"、"夏.jpg"、"秋.jpg"、"冬.jpg"文件，如图 3-103 所示。

④ 在"项目"面板中按住〈Ctrl〉键，依次选择"春.jpg"、"夏.jpg"、"秋.jpg"、"冬.jpg"素材，然后将它们拖入"时间线"面板的"视频 1"轨道中，入点为 00:00:00:00。此时，"时间线"面板会按照素材选择的先后顺序将素材依次排列，如图 3-104 所示。

图3-102　设置"静帧图像默认持续时间"为75帧　　　　图3-103　"项目"面板

图3-104　"时间线"面板

2. 添加默认视频切换效果

① 将时间线滑块移动到 00:00:03:00 的位置，然后按键盘上的〈Ctrl+D〉组合键，此时软件会在第 1 段素材"春.jpg"和第 2 段素材"夏.jpg"之间自动添加一个默认的"交叉叠化"的视频切换效果，如图 3-105 所示。

图3-105　在"春.jpg"和"夏.jpg"素材之间自动添加一个默认的"交叉叠化"的视频切换效果

提示

如果要对"交叉叠化"的参数进行调整，可以在"时间线"面板中单击该视频切换，然后在"特效控制台"面板中进行相关参数的设置，如图3-106所示。

图3-106 在"特效控制台"面板中调整"交叉叠化"视频切换的参数

② 在"节目"面板中单击 ▶ 按钮，即可在"春.jpg"和"夏.jpg"之间的视频切换效果，如图 3-107 所示。

图3-107 春.jpg"和"夏.jpg"之间的视频切换效果

③ 按键盘上的〈Page Down〉键，此时时间线滑块会自动跳转到 00:00:06:00 的位置（"夏.jpg"和"秋.jpg"素材的相交处），然后按键盘上的〈Ctrl+D〉组合键，此时软件会在"夏.jpg"和"秋.jpg"素材之间自动添加一个默认的"交叉叠化"的视频切换效果，如图 3-108 所示。

图3-108 在"夏.jpg"和"秋.jpg"素材之间自动添加一个默认的"交叉叠化"的视频切换效果

④ 同理，按键盘上的〈PageDown〉键，将时间线滑块定位到 00:00:09:00 的位置（"秋.jpg"和"冬.jpg"素材的相交处），然后按键盘上的〈Ctrl+D〉组合键，在"秋.jpg"和"冬.jpg"素材之间自动添加一个默认的"交叉叠化"的视频切换效果，如图 3-109 所示。

⑤ 至此，制作整个四季过渡效果制作完毕，下面执行菜单中的"文件|导出|媒体"命令，将其输出为"四季过渡效果.avi"文件。

图3-109　在"秋.jpg"和"冬.jpg"素材之间自动添加一个默认的"交叉叠化"的视频切换效果

3.3.2　制作画中画的广告效果

要点

　　本例将制作电视中经常见到的穿插在节目片尾的广告效果，如图3-110所示。通过本例的学习，读者应掌握以文件夹的方式导入素材和多种常用视频切换效果的综合应用。

图3-110　画中画的广告效果

操作步骤

1. 制作背景

　　① 启动 Premiere Pro CS4，然后单击"新建项目"按钮，名称为"画中画的广告效果"，编辑模式为标准48 kHz 的 DV-PAL 制的项目文件。

②　导入背景素材。方法：执行菜单中的"文件 | 导入"命令，然后在弹出的"导入"对话框中选择配套光盘中的"素材及结果 \ 第 3 章　视频切换的应用 \3.3.2　制作画中画的广告效果 \ 风景 001.jpg"文件，如图 3-111 所示，单击"打开"按钮，此时该素材会被导入"项目"面板，如图 3-112 所示。

图3-111　选择"风景001.jpg"素材

图3-112　　"项目"面板

③　将"风景 001.jpg"素材放入时间线，并设置时间长度为 12s。方法：从"项目"面板中将"风景 01.jpg"素材拖入"时间线"面板的"视频 1"轨道中，入点为 00：00：00：00。然后右击"视频 1"轨道中的"风景 001.jpg"素材，从弹出的快捷菜单中选择"速度 / 持续时间"命令。接着在弹出的"素材速度 / 持续时间"对话框中设置"持续时间"为 00:00:12:00，如图 3-113 所示。单击"确定"按钮，此时"时间线"面板如图 3-114 所示。

图3-113　选择"风景001.jpg"素材

图3-114　　"时间线"面板

④　此时"风景 001.jpg"素材画面尺寸过大，如图 3-115 所示，下面调整该素材的大小。方法：选择"视频 1"轨道上的"风景 001.jpg"素材，然后在"特效控制台"面板中展开"运动"参数，将"缩放比例"设置为 80.0，如图 3-116 所示，效果如图 3-117 所示。

图3-115　"风景001.jpg"的源大小

图3-116　调整"缩放比例"

图3-117　调整"缩放比例"后的效果

2. 制作视频广告图片的视频切换效果

① 导入广告素材。方法：执行菜单中的"文件 | 导入"命令，然后在弹出的"导入"对话框中选择配套光盘中的"素材及结果 \ 第 3 章视频切换的应用 \ 3.3.2 制作画中画的广告效果 \ 精品"文件夹，如图 3-118 所示。单击"导入文件夹"按钮，此时整个文件夹的素材都会被导入"项目"面板，如图 3-119 所示。

图3-118　选择"手表"文件夹　　　　　　　图3-119　　"项目"面板

② 从"项目"面板中将"精品001.jpg"素材拖入"时间线"面板的"视频2"轨道中，入点为 00:00:00:00，然后将该素材的持续时间设置为 00:00:02:00，此时"时间线"面板如图 3-120 所示，效果如图 3-121 所示。

图3-120　将"精品001.jpg"素材拖入"视频2"轨道中　　图3-121　画面效果

③ 此时"精品001.jpg"素材的尺寸过大，下面调整其大小。方法：选择"视频2"轨道上的"精品001.jpg"素材，然后在"特效控制台"面板中展开"运动"参数，将"缩放比例"设置为50.0，如图 3-122 所示，效果如图 3-123 所示。

图3-122　调整"精品001.jpg"素材的缩放比例　　图3-123　调整"精品001.jpg"素材的缩放比例后的效果

④ 制作"010.jpg"素材开头的视频切换效果。方法:在"效果"面板中展开"视频切换"文件夹,然后选择"滑动"文件夹中的"滑动带"视频切换, 如图 3-124 所示。接着将其拖入"时间线"面板中的"视频 2"轨道中的"精品 001.jpg"素材的开始处, 如图 3-125 所示。最后选择添加给"精品 001.jpg"素材的"滑动带"视频切换, 进入"特效控制台"面板, 再将"持续时间"设置为00:00:00;20, 如图 3-126 所示。此时在"节目"面板中单击▶按钮,效果如图 3-127 所示。

图3-124 选择"滑动带"视频切换 　图3-125 将"滑动带"视频添加到"010.jpg"素材的开始处

图3-126 设置"滑动带"视频　　图3-127 "精品001.jpg"素材的开始处的视频切换效果
　　切换的持续时间

⑤ 制作"精品 001.jpg"素材结尾处的视频切换效果。方法:在"效果"面板中展开"视频切换"文件夹,然后将"擦除"文件夹中的"油漆飞溅"视频切换拖入"时间线"面板中的"视频 2"轨道中的"精品 001.jpg"素材的结尾处,如图 3-128 所示。最后选择添加给"精品 001.jpg"素材的"油漆飞溅"视频切换,进入"特效控制台"面板,再将"持续时间"设置为00:00:00;20,如图 3-129所示。此时在"节目"面板中单击▶按钮,效果如图 3-130 所示。

图3-128 将"油漆飞溅"视频切换添加到"精品001.jpg"素材的结尾处　图3-129 设置"油漆飞溅"视频切换的持续时间

图3-130 "精品001.jpg"素材结尾处的视频切换效果

⑥ 同理，制作"精品002.jpg"素材的开头和结尾处的视频切换效果。方法：从"项目"面板中将"精品002.jpg"素材拖入"时间线"面板的"视频2"轨道中，入点为00:00:04:00，然后将该素材的持续时间也设置为00:00:02:00。再将该素材的"缩放比例"设置为50.0。接着将"效果"面板"视频切换"文件夹"擦除"中的"百叶窗"和"渐变擦除"视频切换分别添加到"视频2"轨道中的"精品002.jpg"素材的开头和结尾处，并将它们的"持续时间"设置为00:00:00:20，此时"时间线"面板如图3-131所示。在"节目"面板中单击▶按钮，效果如图3-132所示。

图3-131 给"精品002.jpg"素材的开头和结尾处添加视频切换

💡 **提示**

将"渐变擦除"视频切换添加到"视频2"轨道中的"精品002.jpg"素材的结尾处时，会弹出"渐变擦除设置"对话框，此时将"柔和度"设置为0即可，如图3-133所示。

图3-132 "精品002.jpg"素材的视频切换效果

⑦ 同理,从"项目"面板中将"精品003.jpg"素材拖入"时间线"面板的"视频2"轨道中,入点为00:00:08:00,然后将该素材的持续时间也设置为00:00:02:00。再将该素材的"缩放比例"设置为"50.0"。接着将"效果"面板"视频切换"文件夹"3D运动"中的"向上折叠"和"卷页"中的"卷走"视频切换分别添加到"视频2"轨道中的"精品003.jpg"素材

图3-133 将"柔和度"设置为0

的开头和结尾处,并将它们的"持续时间"设置为00:00:00:20,此时"时间线"面板如图3-134所示。在"节目"面板中单击 ▶ 按钮,效果如图3-135所示。

图3-134 给"精品003.jpg"素材的开头和结尾处添加视频切换

图3-135 "精品003.jpg"素材的视频切换效果

⑧ 同理,从"项目"面板中将"精品004.jpg"素材拖入"时间线"面板的"视频3"轨道中,入点为00:00:02:00,然后将该素材的持续时间也设置为00:00:02:00。再将该素材的"缩放比例"设置为50.0。接着将"效果"面板"视频切换"文件夹"3D运动"中的"摆入"和"擦除"中的"渐变擦除"视频切换分别添加到"视频3"轨道中的"精品004.jpg"素材的开头和结尾处,并将它们的"持续时间"设置为00:00:00:20,此时"时间线"面板如图3-136所示。在"节目"面板中单击 ▶ 按钮,效果如图3-137所示。

 提示

将"渐变擦除"视频切换添加到"视频2"轨道中的"精品004.jpg"素材的结尾处时,会弹出"渐变擦除设置"对话框,此时将"柔和度"设置为10即可,如图3-138所示。

图3-136　给"精品004.jpg"素材的开头和结尾处添加视频切换

图3-137　"精品004.jpg"素材的视频切换效果

⑨ 同理，从"项目"面板中将"精品005.jpg"素材拖入"时间线"面板的"视频 3"轨道中，入点为 00:00:06:00，然后将该素材的持续时间也设置为00:00:02:00。再将该素材的"缩放比例"设置为50.0。接着将"效果"面板"视频切换"文件夹"滑动"中的"带状滑动"和"3D 运动"中的"立方体旋转"视频切换分别添加到"视频 3"轨道中的"精品 005.jpg"素材的开

图3-138　将"柔和度"设置为10

头和结尾处，并将它们的"持续时间"设置为 00:00:00:20，此时"时间线"面板如图 3-139 所示。在"节目"面板中单击▶按钮，效果如图 3-140 所示。

图3-139　给"精品005.jpg"素材的开头和结尾处添加视频切换

图3-140　"精品005.jpg"素材的视频切换效果

⑩ 同理，从"项目"面板中将"精品006.jpg"素材拖入"时间线"面板的"视频3"轨道中，入点为00:00:10:00，然后将该素材的持续时间也设置为00:00:02:00。再将该素材的"缩放比例"设置为50.0。接着将"效果"面板"视频切换"文件夹"缩放"中的"缩放框"和"滑动"中的"带状滑动"视频切换分别添加到"视频3"轨道中的"精品006.jpg"素材的开头和结尾处，并将它们的"持续时间"设置为00:00:00:20，此时"时间线"面板如图3-141所示。在"节目"面板中单击▶按钮，效果如图3-142所示。

图3-141 给"精品006.jpg"素材的开头和结尾处添加视频切换

图3-142 "精品006.jpg"素材的视频切换效果

⑪ 至此，整个画中画的广告效果制作完毕，下面执行菜单中的"文件|导出|媒体"命令，将其输出为"画中画的广告效果.avi"文件。

3.3.3 制作自定义视频切换效果

要点

本例将利用自定义的图像来制作视频过渡效果，如图3-143所示。通过本例的学习，读者应掌握设置"渐变擦除"视频过渡效果方法。

图3-143 卷页效果

操作步骤

1. 编辑图片素材

① 启动 Premiere Pro CS4，然后单击"新建项目"按钮，命名为"自定义视频切换效果"，编辑模式为标准 48 kHz 的 DV-PAL 制的项目文件。

② 设置静止图片默认持续时间为 3 s。方法：执行菜单中的"编辑|参数|常规"命令，在弹出的对话框中设置"静帧图像默认持续时间"为 75 帧。然后在"参数"对话框左侧选择"媒体"，再在右侧将"不确定的媒体时间基准"设置为 25.00 fps，单击"确定"按钮。

③ 导入图片素材。方法：执行菜单中的"文件|导入"（快捷键〈Ctrl+I〉）命令，导入配套光盘中的"素材及结果\第3章视频切换的应用\3.3.3制作自定义视频切换效果\鲜花1.jpg"、"鲜花2.jpg"、"鲜花3.jpg"和"鲜花4.jpg"文件，如图 3-144 所示。

④ 在"项目"面板中按住〈Ctrl〉键，依次选择"鲜花1.jpg"、"鲜花2.jpg"、"鲜花3.jpg"和"鲜花4.jpg"素材，然后将它们拖入"时间线"面板的"视频1"轨道中，入点为 00:00:00:00。此时"时间线"面板会按照素材选择的先后顺序将素材依次排列，如图 3-145 所示。

图3-144　"项目"面板

图3-145　"时间线"面板

2. 添加自定义转场效果

① 在"鲜花1.jpg"和"鲜花2.jpg"之间添加"渐变擦除"视频切换。方法：在"效果"面板中展开"视频特效"文件夹，然后选择"擦除"中的"渐变擦除"视频切换，如图 3-146 所示。再将其拖入"时间线"面板中的"视频1"轨道中"鲜花1.jpg"和"鲜花2.jpg"之间的位置，此时鼠标会变为 形状，接着松开鼠标。再在弹出的图 3-147 所示的"渐变擦除设置"对话框中单击"选择图像"按钮，最后在弹出的"打开"对话框中选择配套光盘中的"素材及结果\制作自定义视频切换效果\对称灰度图.jpg"图片，如图 3-148 所示。单击"打开"按钮，回到"渐变擦除设置"对话框，如图 3-149 所示。再单击"确定"按钮，即可将"渐变擦除"视频切换添加到"鲜花1.jpg"和"鲜花2.jpg"之间的位置，如图 3-150 所示。

图3-146　选择"渐变擦除"

图3-147　"渐变擦除设置"对话框

图3-148 选择"对称灰度图"图片

图3-149 回到"渐变擦除设置"对话框对话框

图3-150 在"鲜花1.jpg"和"鲜花2.jpg"之间添加"渐变擦除"视频切换

② 在"节目"面板中单击▶按钮，即可看到"鲜花1.jpg"与"鲜花2.jpg"素材之间的渐变擦除效果，如图3-151所示。

提示

如果要对"渐变擦除"的图像进行替换，可以在"时间线"面板中选择要替换的"渐变擦除"视频切换，然后在"特效控制台"面板中单击"自定义"按钮，如图3-152所示，在弹出的对话框中进行替换。

图3-151 鲜花1.jpg"与"鲜花2.jpg"素材之间的渐变擦除效果

图3-152 单击"自定义"按钮

③ 同理，在"鲜花 2.jpg"和"鲜花 3.jpg"之间添加"渐变擦除"视频切换，并选择擦除图像选择配套光盘中的"素材及结果 \ 制作自定义视频切换效果 \ 螺旋形灰度图 .jpg"图片，如图 3-153 所示。然后在"节目"面板中单击 ▶ 按钮，即可看到"鲜花 2.jpg"与"鲜花 3.jpg"素材之间的渐变擦除效果，如图 3-154 所示。

图3-153　选择"螺旋形灰度图.jpg"　　　　　　图3-154　　"鲜花2.jpg"与"鲜花3.jpg"素材之间的
　　　　　　后的效果　　　　　　　　　　　　　　　　　　渐变擦除效果

④ 同理，在"鲜花 3.jpg"和"鲜花 4.jpg"之间添加"渐变擦除"视频切换，并选择擦除图像选择配套光盘中的"素材及结果 \ 制作自定义视频切换效果 \ 圆形灰度图 .jpg"图片，如图 3-155 所示。此时"时间线"面板如图 3-156 所示。然后在"节目"面板中单击 ▶ 按钮，即可看到"鲜花 3.jpg"与"鲜花 4.jpg"素材之间的渐变擦除效果，如图 3-157 所示。

图3-155　选择"圆形灰度图.jpg"后的　　　　　　图3-156　　"时间线"面板
　　　　　　效果

图3-157　　"鲜花3.jpg"与"鲜花4.jpg"素材之间的渐变擦除效果

⑤ 至此，制作自定义视频切换效果制作完毕，下面执行菜单中的"文件 | 导出 | 媒体"命令，将其输出为"自定义视频切换效果.avi"文件。

3.3.4　制作多层切换效果

要点

　　本例将制作多层上的多张图片一起进行转场的效果，如图3-158所示。通过本例的学习，读者应掌握制作字幕、调整图片的位置和大小、复制粘贴关键帧参数以及常用视频切换效果的综合应用。

图3-158　多层切换效果

操作步骤

1. 制作蓝色背景

① 启动 Premiere Pro CS4，然后单击"新建项目"按钮，命名为"画中画的广告效果"，编辑模式为标准 48 kHz 的 DV-PAL 制的项目文件。

② 制作背景。方法：执行菜单中的"文件｜导入"命令，然后在弹出的"导入"对话框中选择配套光盘中的"素材及结果 \ 第 3 章视频切换的应用 \3.3.4　制作多层切换效果 \ 背景 010.jpg"图片，如图 3-159 所示，单击"打开"按钮，此时"项目"面板如图 3-160 所示。

图3-159　选择"背景010.jpg"图片

图3-160　"项目"面板

③ 从"项目"面板中将"背景 010.jpg"拖入"时间线"面板的"视频 1"轨道中，入点为 00：00：00：00，然后设置该素材的持续时间设置为 8 s，此时"时间线"面板如图 3-161 所示。

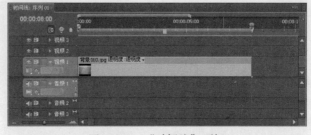
图3-161　"时间线"面板

2. 制作"汽车欣赏"字幕

① 单击"项目"面板下方的 ▣ (新建分项) 按钮,从弹出的快捷菜单中选择"字幕"命令,然后在弹出的"新建字幕"对话框中输入"名称"为"花的海洋",如图 3-162 所示。单击"确定"按钮,进入"汽车欣赏"字幕设计面板,如图 3-163 所示。

图3-162　输入"花的海洋"　　　　　　　图3-163　"汽车欣赏"字幕设计面板

② 输入文字。方法:选择"字幕工具"面板中的 Ⓣ (文字工具),然后在"字幕面板"编辑面板中输入"汽车欣赏"4 个字,接着在"字幕属性"面板中设置"字体"为 HYCuHeiJ,"字体大小"为 120.0。再分别单击"字幕动作"面板中的 ▦ (垂直居中) 和 ▦ (水平居中) 按钮,将文字居中对齐。最后将"填充"区域下的"色彩"设置为白色 (RGB(255,255,255)),如图 3-164 所示。

图3-164　输入文字

③ 对文字进行进一步设置。方法：单击"描边"区域中"外侧边"右侧的"添加"命令，然后在添加的外侧边中将"类型"设置为"凸出"，将"大小"设置为 25.0，将"填充类型"设置为"4 色渐变"。接着将"色彩"左上角的颜色数值设置为 RGB(250,110,0)，将右上角的颜色数值设置为 RGB(250,70,100)，将右下角的颜色数值设置为 RGB(0,120,200)，将左下角的颜色数值设置为 RGB(50,240,20)。最后选中"阴影"复选框，效果如图 3-165 所示。

图3-165　设置"描边"和"阴影"参数

④ 单击"字幕设计窗口"右上角的▣按钮，关闭字幕设计面板，此时创建的"汽车欣赏"字幕会自动添加到"项目"面板中，如图 3-166 所示。

3. 制作"花的海洋"字幕的视频切换效果

① 将"汽车欣赏"字幕素材拖入"时间线"面板。方法：从"项目"面板中将"花的海洋"字幕素材拖入"时间线"面板的"视频 2"轨道中，入点为 00:00:00:00。然后将该素材的持续时间设置为 00:00:02:00，如图 3-167 所示。

图3-166　"项目"面板　　　　　　图3-167　"项目"面板

② 制作"汽车欣赏"字幕素材开头的视频切换效果。方法：在"效果"面板中展开"视频切换"文件夹，然后选择"叠化"文件夹中的"抖动溶解"视频切换，如图 3-168 所示。接着将其拖入"时间线"面板"视频 2"轨道中的"汽车欣赏"字幕素材的开始处，如图 3-169 所示。最后选择添加给"汽车欣赏"字幕素材的"抖动溶解"视频切换，进入"特效控制台"面板，再将"持续时间"设置为

00:00:00:20,并选中"显示实际来源"后面的选项,以便观察转场效果,如图 3-170 所示。此时在"节目"面板中单击 ▶ 按钮,效果如图 3-171 所示。

图3-168　选择"抖动溶解"

图3-169　将"抖动溶解"视频切换添加给"花的海洋"字幕素材的开始处

图3-170　设置"抖动溶解"
　　　　参数

图3-171　"花的海洋"字幕素材的开始处的视频切换效果

4. 制作图片的视频切换效果

① 导入鲜花素材。方法:执行菜单中的"文件|导入"命令,然后在弹出的"导入"对话框中选择配套光盘中的"素材及结果\第 3 章视频切换的应用\3.3.4 制作多层切换效果\汽车"文件夹,如图 3-172 所示,单击"导入文件夹"按钮,此时整个文件夹的素材都会被导入"项目"面板,如图 3-173 所示。

图3-172　选择"鲜花"文件夹

图3-173　"项目"面板

② 从"项目"面板中将"汽车 010.jpg"素材拖入"时间线"面板的"视频 2"轨道中，入点为 00:00:02:00，然后将该素材的持续时间设置为 00:00:02:00，此时"时间线"面板如图 3-174 所示，效果如图 3-175 所示。

图3-174　将"汽车010.jpg"素材拖入"视频2"轨道中　　　　图3-175　画面效果

③ 调整"汽车 010.jpg"素材的尺寸和位置。方法：选择"视频 2"轨道上的"汽车 010.jpg"素材，然后在"特效控制台"面板中展开"运动"参数，将"缩放比例"设置为 25.0，将"位置"坐标设置为 (120.0, 288.0) 如图 3-176 所示，效果如图 3-177 所示。

图3-176　调整"汽车010.jpg"素材的尺寸和位置　　　图3-177　调整"汽车010.jpg"素材的尺寸
和位置后的画面效果

④ 制作"汽车 010.jpg"素材开头的视频切换效果。方法：在"效果"面板中展开"视频切换"文件夹，然后选择"擦除"文件夹中的"棋盘"视频切换，如图 3-178 所示。接着将其拖入"时间线"面板"视频 3"轨道中的"汽车 010.jpg"素材的开始处，如图 3-179 所示。最后选择添加给"汽车 010.jpg"素材的"棋盘"视频切换，进入"特效控制台"面板，再将"持续时间"设置为 00:00:00:10，如图 3-180 所示。此时在"节目"面板中单击 ▶ 按钮，效果如图 3-181 所示。

图3-178　选择"棋盘"视频切换

图3-179　将"棋盘"视频切换添加给"汽车010.jpg"素材的开始处

图3-180　设置"棋盘"视频切换的
　　　　持续时间

图3-181　"汽车010.jpg"素材的开始处的视频切换效果

⑤ 同理，制作"汽车011.jpg"素材开头的视频切换效果。方法：从"项目"面板中将"汽车011.jpg"素材拖入"时间线"面板的"视频3"轨道上方，此时会自动产生一个"视频4"轨道，然后将其入点设置为00:00:02:00，再将该素材的持续时间设置为00:00:02:00。接着选择"视频2"轨道上的"汽车011.jpg"素材，在"特效控制台"面板中展开"运动"参数，将"缩放比例"设置为25.0，将"位置"坐标设置为(360.0,288.0)，如图3-182所示，效果如图3-183所示。最后将"效果"面板"视频切换"文件夹"划像"中的"划像形状"视频切换拖入"时间线"面板"视频4"轨道中的"汽车011.jpg"素材的开始处，如图3-184所示。再将"划像形状"视频切换的"持续时间"也设置为00:00:00:10，如图3-185所示。此时在"节目"面板中单击▶按钮，效果如图3-186所示。

图3-182 调整"汽车011.jpg"素材的尺寸和位置

图3-183 调整"汽车011.jpg"素材的尺寸和
位置后的画面效果

图3-184 将"划像形状"视频切换添加给"汽车011.jpg"
素材的开始处

图3-185 设置"划像形状"视频切
换的持续时间

图3-186 视频切换效果

⑥ 同理，制作"汽车 012.jpg"素材开头的视频切换效果。方法：从"项目"面板中将"汽车 012.jpg"素材拖入"时间线"面板的"视频 4"轨道上方，此时会自动产生一个"视频 5"轨道，然后将其入点设置为 00：00：02：00，再将该素材的持续时间设置为 00：00：02：00。接着选择"视频 2"轨道上的"汽车 012.jpg"素材，在"特效控制台"面板中展开"运动"参数，将"缩放比例"设置为 25.0，将"位置"坐标设置为 (600.0,288.0)，如图 3-187 所示，效果如图 3-188 所示。最后将"效果"面板"视频切换"文件夹"划像"中的"划像形状"视频切换拖入"时间线"

面板"视频 4"轨道中的"汽车 012.jpg"素材的开始处,如图 3-189 所示。再将"划像形状"视频切换的"持续时间"也设置为 00:00:00:10,如图 3-190 所示。此时在"节目"面板中单击 ▶ 按钮,观看 00:00:02:00 ~ 00:00:04:00 间的视频切换效果,如图 3-191 所示。

图3-187 调整"汽车012.jpg"素材的尺寸和位置

图3-188 调整"汽车012.jpg"素材的尺寸和位置后的画面效果

图3-189 将"划像形状"视频切换添加给"汽车012.jpg"素材的开始处

图3-190 设置"筋头过渡"视频切换的持续时间

图 3-191 00:00:02:00 ~ 00:00:04:00 间的视频切换效果

⑦ 从"项目"面板中分别将"汽车 013.jpg"、"汽车 014.jpg"和"汽车 015.jpg"素材拖入"时间线"面板的"视频 3"、"视频 4"和"视频 5"轨道中,并将这些素材的入点均设置为 00:00:04:00,再将这些该素材的持续时间均设置为 00:00:02:00,此时"时间线"面板如图 3-192 所示。

图3-192 "时间线"面板

⑧ 将"汽车 010.jpg"素材的"位置"和"缩放比例"参数粘贴到"汽车 013.jpg"素材。方法：选择"视频 3"轨道上的"汽车 010.jpg"素材，进入"特效控制台"面板，然后右击"运动"参数，从弹出的快捷菜单中选择"复制"命令，如图 3-193 所示，复制"运动"参数。接着选择"视频 3"轨道中的"汽车 013.jpg"素材，进入"特效控制台"面板，右击"运动"参数，从弹出的快捷菜单中选择"粘贴"命令，如图 3-194 所示，从而将"视频 3"轨道上的"运动"参数复制到"视频 3"轨道，如图 3-195 所示。

图3-193 选择"复制"命令

图3-194 选择"粘贴"命令

图3-195 粘贴"运动"属性后的效果

⑨ 同理，通过复制粘贴关键帧的方式，将"视频 4"轨道中"汽车 011.jpg"素材"运动"参数粘贴给"视频 4"轨道中"汽车 014.jpg"素材；将"视频 5"轨道中"汽车 012.jpg"素材"运动"参数粘贴给"视频 5"轨道中"汽车 015.jpg"素材。此时将时间滑块移动到 00:00:04:00 处，即可看到粘贴"运动"参数后的效果，如图 3-196 所示。

⑩ 制作"汽车 013.jpg"、"汽车 014.jpg"和"汽车 015.jpg"素材开头的视频切换效果。方法：将"效果"面板"视频切换"文件夹"滑动"中的"滑动带"视频切换，拖入"时间线"面板"视频 3"轨道中的"汽车 013.jpg"素材的开始处。然后将"视频切换"文件夹"滑动"中的"斜线滑动"视频切换，拖入"时间线"面板"视频 4"轨道中的"汽车 014.jpg"素材的开始处。接着将"视频切换"文件夹"擦除"中的"径向划变"视频切换，拖入"时间线"面板"视频 5"轨道中的"汽车 015.jpg"素材的开始处。最后分别选择添加的视频切换，进入"特效控制台"面板，将这些视频切换的"持续时间"均

图3-196 粘贴"运动"参数后的效果

设置为 00:00:00:10,此时"时间线"面板如图 3-197 所示。此时在"节目"面板中单击 ▶ 按钮,观看 00:00:04:00 ~ 00:00:06:00 间的视频切换效果,如图 3-198 所示。

图3-197　粘贴"运动"参数后的效果

图 3-198　00:00:04:00 ~ 00:00:06:00 间的视频切换效果

⑪ 从"项目"面板中分别将"汽车 016.jpg"、"汽车 017.jpg"和"汽车 018.jpg"素材拖入"时间线"面板的"视频 3"、"视频 4"和"视频 5"轨道中,并将这些素材的入点均设置为 00:00:06:00,再将这些该素材的持续时间均设置为 00:00:02:00,此时"时间线"面板如图 3-199 所示。

图3-199　"时间线"面板

⑫ 同理,通过复制粘贴关键帧的方式,将"视频 3"轨道中"汽车 010.jpg"素材"运动"参数粘贴给"视频 3"轨道中"汽车 016.jpg"素材;将"视频 4"轨道中"汽车 011.jpg"素材"运动"参数粘贴给"视频 4"轨道中"汽车 017.jpg"素材;将"视频 5"轨道中"汽车 012.jpg"素材"运动"参数粘贴给"视频 5"轨道中"汽车 018.jpg"素材。此时将时间滑块移动到 00:00:06:00 处,即可看到粘贴"运动"参数后的效果,如图 3-200 所示。

⑬ 制作"汽车 016.jpg"、"汽车 017.jpg"和"汽车 018.jpg"素材开头的视频切换效果。方法:将"效

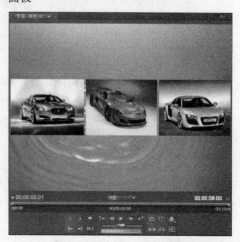

图3-200　粘贴"运动"参数后的效果

果"面板"视频切换"文件夹"擦除"中的"时钟式划变"视频切换，拖入"时间线"面板"视频 3"轨道中的"汽车 016.jpg"素材的开始处。然后将"视频切换"文件夹"滑动"中的"带状滑动"视频切换，拖入"时间线"面板"视频 4"轨道中的"汽车 017.jpg"素材的开始处。接着将"视频切换"文件夹"划像"中的"星形划像"视频切换，拖入"时间线"面板"视频 5"轨道中的"汽车 018.jpg"素材的开始处。最后分别选择添加的视频切换，进入"特效控制台"面板，将这些视频切换的"持续时间"均设置为 00:00:00:10，此时"时间线"面板如图 3-201 所示。此时在"节目"面板中单击▶按钮，观看 00:00:06:00 ~ 00:00:08:00 间的视频切换效果，如图 3-202 所示。

图3-201 "时间线"面板

图 3-202 00:00:06:00 ~ 00:00:08:00 间的视频切换效果

⑭ 至此，整个多层切换效果制作完毕，下面执行菜单中的"文件 | 导出 | 媒体"命令，将其输出为"多层切换效果.avi"文件。

课 后 练 习

1. 填空题

(1) 将时间滑块定位在要添加视频切换的两个素材的相交处，按快捷键〈Ctrl+D〉，可在素材之间添加一个系统默认的_____视频切换。

(2) 在"时间线"面板中选择要清除的视频切换，然后按_____键即可将其清除。

2. 选择题

(1) 当出现（　　）标记时，表示将在后面素材的起始处添加过渡效果；当出现（　　）标记时，表示将在两个素材之间添加过渡效果；当出现（　　）标记时，表示将在前面素材的结束处添加过渡效果。

A. ▣　　　　　B. ▤　　　　　C. ▥　　　　　D. ▦

（2）"效果"面板"视频切换"文件夹中共有（　　）类视频切换。

A．9 　　　　　B．10 　　　　　C．11 　　　　　D．12

3. 问答题 / 上机题

（1）简述添加视频切换的方法。

（2）利用配套光盘中的"课后练习 \ 第 3 章 \ 练习 1"中的相关素材制作图 3-203 所示的自定义视频切换效果。

图3-203　练习1的效果

（3）利用配套光盘中的"课后练习 \ 第 3 章 \ 练习 2"中的相关素材制作图 3-204 所示的多层切换效果效果。

图3-204　练习2的效果

第4章

在影视节目的后期制作过程中，特效的应用既能够使影片在视觉上更为精彩，又能够帮助用户完成一些现实生活中无法完成的拍摄工作。也就是，视频特效技术不仅可以使枯燥无味的画面变得生动有趣，还可以弥补拍摄过程中造成的画面缺陷问题。Premeiere Pro CS4 提供了多种类型的视频特效供用户使用，通过本章学习，读者应掌握以下内容：

- 视频特效的设置；
- 常用视频特效的应用。

4.1 视频特效的设置

在 Premiere Pro CS4 中提供了大量的视频特效，它们可以应用在视频、图片和文字上，通过这些视频特效，用户可以随心所欲的创作出丰富多彩的视觉效果。这里所说的视频特效指的是 Premiere 封装好的程序，专门用于处理视频画面，并且按照指定的要求实现各种视觉效果。

4.1.1 添加视频特效

给素材添加视频特效的具体操作步骤如下：

① 执行菜单中的"文件 | 导入"（快捷键〈Ctrl+I〉）命令，导入配套光盘中的"素材及结果\第4章视频特效的应用\风景.jpg"图片，然后将其拖入"时间线"面板，如图 4-1 所示。

图4-1 将"风景1.jpg"拖入"时间线"面板

② 执行菜单中的"窗口 | 效果"命令，调出"效果"面板，然后展开"视频特效"文件夹，从中选择所需的视频切换（此时选择的是"风格化"中的"马赛克"），如图 4-2 所示。接着将

该视频效果拖到时间线"风景.jpg"素材上即可，此时时间线"风景.jpg"素材中间会出现一条深紫色的线，如图 4-3 所示。

图4-2　选择"马赛克"　　　　　图4-3　将"马赛克"特效添加到"风景.jpg"上

4.1.2　编辑视频特效

1. 改变视频特效的设置

改变视频特效设置的具体操作步骤如下：

① 在"时间线"面板中选择要调整视频特效参数的素材（此时选择的是"风景.jpg"）。

② 在"效果控制台"面板中选择要调整参数的特效（此时选择的是前面添加的"马赛克"特效），将其展开，如图 4-4 所示。

图4-4　展开"马赛克"特效

③ 对特效参数进行设置后，即可看到效果，如图 4-5 所示。

提示

如果要恢复默认的视频特效的设置，只要在"特效控制台"面板中单击要恢复默认设置的视频特效后面的 ⟳ （重置）按钮即可。

图4-5 编辑"马赛克"特效

④ 在编辑过程中有时需要取消够某个视频特效的显示，此时单击要取消的视频特效前面的 ▨ 按钮，即可取消该视频特效的显示，如图 4-6 所示。

图4-6 取消"马赛克"特效的显示

2. 删除视频特效

当某段素材不再需要视频特效时，可以将其进行删除。删除视频特效具体操作步骤如下：

① 在"特效控制台"面板中选择要删除的视频特效。

② 按键盘上的〈Delete〉键，即可将该视频特效进行删除。

3. 复制 / 粘贴视频特效

当多个素材要使用相同的视频特效时，复制、粘贴视频特效可以减少操作步骤，加快影片剪辑的速度。复制 / 粘贴视频特效的具体操作步骤如下：

① 选择要复制视频特效的素材，然后在"特效控制台"面板中右击要复制的视频特效，从弹出的快捷菜单中选择"复制"命令，如图 4-7 所示。

② 选择要粘贴视频特效的素材，然后右击"特效控制台"面板的空白区域，从弹出的快捷菜单中

图4-7 选择"复制"命令

选择"粘贴"命令，如图 4-8 所示，即可将复制的视频效果粘贴到新的素材上，效果如图 4-9 所示。

图4-8 选择"粘贴"命令

图4-9 在新素材上"粘贴"视频特效的效果

4.2 视频特效的分类

在 Premiere Pro CS4 中，系统提供了多种视频特效。这些视频特效被分类后放置在"效果"面板"视频特效"文件夹中的 18 个文件夹中，如图 4-10 所示。每种视频特效都有其适合的应用范围，而了解这些视频特效的不同效果与作用，则有利于制作出效果更好的影片。下面就来具体讲解这些视频特效的效果和作用。

4.2.1 GPU 特效

"GPU 特效"类视频特效是通过模拟特定环境中的光线、物质变化来模拟一些较为真实的场景。"GPU 特效"类视频特效包括"卷页"、"折射"和"波纹（圆形）"3 种视频特效，如图 4-11 所示。

图4-10 "视频特效"文件夹

1. 卷页

在"卷页"视频特效中，画面将被视为一种可弯曲的平面介质，其默认效果为卷起屏幕画面的右上角。图 4-12 为源素材，图 4-13 为应用"卷页"视频特效后的效果。

在"卷页"视频特效的参数面板中，其参数的具体含义如下：

图4-11　"GPU特效"类视频特效

- 表面角度"Y"：用于以垂直方向为轴，控制屏幕画面的旋转角度。
- 卷曲角度：用于以屏幕右侧的垂线为轴，控制屏幕画面将以什么样的角度被"卷起"。通过调整该参数，可以在卷起屏幕画面时起到控制起点的作用。图 4-14 为设置不同"卷曲角度"数值的效果比较。

图4-12　源素材

图4-13　应用"卷页"视频特效后的效果

"卷曲角度"数值为30

"卷曲角度"数值为65

图4-14　设置不同"卷曲角度"数值的效果比较

- 卷曲数量：用于控制屏幕画面画面被卷起的程度。数值越大，卷曲效果越明显。图 4-15 为设置不同"卷曲数量"数值的效果比较。

"卷曲数量"数值为40

"卷曲数量"数值为60

图4-15　设置不同"卷曲数量"数值的效果比较

- 主灯光角度"A"：当屏幕画面被视为平面后，"主灯光角度 A"便是屏幕画面中心与灯光中心垂足连线的夹角。
- 主灯光角度 B：在二维层面上，"主灯光角度 B"便是灯光与 0°轴线之间的夹角。
- 灯光距离：用于控制灯光相对于屏幕的距离。
- 凹凸：用于控制卷曲对象表面的平整度，数值越大，屏幕画面中的"斑点"越多。图 4-16 为设置不同"凹凸"数值的效果比较。

"凹凸"数值为40

"凹凸"数值为60

图4-16 设置不同"凹凸"数值的效果比较

- 光泽：用于设置卷曲对象表面的光洁和反光程度，数值越大，屏幕画面的反光程度越严重，画面效果越为暗淡。
- 噪波：用于设置卷曲位置的杂点，数值越大，杂点越多。图 4-17 为设置不同"噪波"数值的效果比较。

"噪波"数值为10

"噪波"数值为0

图4-17 设置不同"噪波"数值的效果比较

2. 折射

"折射"视频特效可以使画面产生一种波浪状的形态。图 4-18 为源素材，图 4-19 为应用"折射"视频特效后的效果。

图4-18 源素材

图4-19 应用"折射"视频特效后的效果

在"折射"视频特效的参数面板中，其主要参数的具体含义如下：

● 波纹数量：用于控制屏幕画面上的扭曲程度，数值越大，画面扭曲越严重。图 4-20 为设置不同"波纹数量"数值的效果比较。

"波纹数量"数值为5 　　　　　　　　"波纹数量"数值为50

图4-20　设置不同"波纹数量"数值的效果比较

● 折射率：用于控制屏幕画面的折射率，数值越大，折射现象也就越明显。图 4-21 为设置不同"折射率"数值的效果比较。

"折射率"数值为1.5 　　　　　　　　"折射率"数值为3

图4-21　设置不同"折射率"数值的效果比较

● 凹凸：用于控制屏幕画面的平滑程度，数值越大，物体表面越粗糙。图 4-22 为设置不同"凹凸"数值的效果比较。

"凹凸"数值为30 　　　　　　　　"凹凸"数值为60

图4-22　设置不同"凹凸"数值的效果比较

● 深度：用于控制画面的"厚度"，数值越大，对折射现象的影响越为明显。图 4-23 为设置不同"深度"数值的效果比较。

3. 波纹（圆形）

"波纹（圆形）"视频特效用于在画面上形成水面涟漪般的圆形波浪效果。图 4-24 为源素材，图 4-25 为应用"波纹（圆形）"视频特效后的效果。

"深度"数值为30

"深度"数值为80

图4-23　设置不同"深度"数值的效果比较

图4-24　源素材

图4-25　应用"波纹（圆形）"视频特效后的效果

在"波纹（圆形）"视频特效的参数面板中，其参数的具体含义如下：

● 表面角度"X"：用于以水平方向为轴，控制画面的旋转角度。
● 表面角度"Y"：用于以垂直方向为轴，控制画面的旋转角度。
● 波纹中心：用于控圆形波浪中心在画面中的位置，其中两个数值分别代表画面的 X 和 Y 坐标。
● 波纹数量：用于设置所形成波浪的起伏程度。数值越大，波峰和波谷之间的高度反差越大，画面的变形也就大。图 4-26 为不同"波纹数量"数值的效果比较。

"波纹数量"数值为20

"波纹数量"数值为60

图4-26　不同"波纹数量"数值的效果比较

- 主灯光角度"A"：当屏幕画面被视为平面后，"主灯光角度 A"便是屏幕画面中心与灯光中心垂足连线的夹角。
- 主灯光角度"B"：在二维层面上，"主灯光角度 B"便是灯光与 0°轴线之间的夹角。
- 灯光距离：用于控制灯光相对于屏幕的距离。
- 凹凸：用于调整画面的表面平整度。数值越大，画面中凸起和凹坑越多，表现效果为画面上出现大小不一的灰色斑点。图 4-27 为不同"凹凸"数值的效果比较。

"凹凸"数值为20   "凹凸"数值为60

图4-27 不同"凹凸"数值的效果比较

- 光泽：用于控制画面表面的光洁和透光程度。数值越大，画面的透光程度越明显，画面效果越为暗淡。图 4-28 为不同"光泽"数值的效果比较。

"光泽"数值为0   "光泽"数值为50

图4-28 不同"光泽"数值的效果比较

- 噪波：用于在画面上添加一些杂点。数值越大，杂点数量越多。

4.2.2 变换

"变换"类视频特效用于使素材产生二维或三维的变化。"变换"类视频特效包括"垂直保持"、"垂直翻转"、"摄像机视图"、"水平保持"、"水平翻转"、"滚动"、"羽化边缘"和"裁剪"8 种视频特效，如图 4-29 所示。

1. 垂直保持

"垂直保持"视频特效可以使画面产生左右滚动的动画效果。
图 4-30 为源素材，图 4-31 为应用"垂直保持"视频特效后的效果。

图4-29 "变换"类视频特效

图4-30　源素材

图4-31　应用"垂直保持"视频特效的效果

2. 垂直翻转

"垂直翻转"视频特效可以使画面沿水平方向翻转180°，类似于倒影效果。图4-32为源素材，图 4-33 为应用"垂直翻转"视频特效后的效果。

图4-32　源素材

图4-33　应用"垂直翻转"视频特效后的效果

3. 摄像机视图

"摄像机视图"视频特效可以模拟摄像机从不同角度观看素材的效果。图 4-34 为源素材，图 4-35 为应用"摄像机视图"视频特效后的效果。

图4-34　源素材

图4-35　应用"摄像机视图"视频特效后的效果

在"摄像机视图"视频特效的参数面板中，其参数的具体含义如下：

- 经度：用于模拟水平方向上移动摄像机，可以使画面产生水平翻转。
- 纬度：用于模拟垂直方向上移动摄像机，可以使画面产生垂直翻转。
- 垂直滚动：用于模拟摄像机的机位旋转，可以使画面产生平面的旋转。
- 焦距：用于改变镜头的焦距，调整画面视野。
- 距离：用于调节镜头和画面之间的距离。
- 缩放：用于放大和缩小画面尺寸。
- 填充颜色：用于填充由于画面变形而产生的空白空间。

4. 水平保持

"水平保持"视频特效可以使画面产生垂直方向上倾斜的效果。图4-36为源素材，图4-37为应用"水平保持"视频特效后的效果。

图4-36　源素材　　　　　　图4-37　应用"水平保持"视频特效后的效果

5. 水平翻转

"水平翻转"视频特效可以使画面沿垂直方向翻转180°。图4-38为源素材，图4-39为应用"水平翻转"视频特效后的效果。

图4-38　源素材　　　　　　图4-39　应用"垂直翻转"视频特效后的效果

6. 滚动

"滚动"视频特效可以使素材向上、下、左、右任意一个方向进行滚动运行。默认情况下，该特效的效果是让素材画面在屏幕上进行从右往左的滚动操作。图4-40为源素材，图4-41为应用"滚动"视频特效的效果。在"特效控制台"面板中单击"滚动"右侧的 ■ 按钮，在弹出的图4-42所示的"滚动设置"对话框中可以进行滚动方向的重新设置。

图4-40　源素材

图4-41　应用"垂直翻转"视频特效后的效果

7. 羽化边缘

"羽化边缘"视频特效可以在画面周围产生羽化的效果。图4-43为源素材，图4-44为应用"羽化边缘"视频特效后的效果。

8. 裁剪

"裁剪"视频特效可以对画面进行切割处理，修改素材的尺寸。图4-45为源素材，图4-46为应用"裁剪"视频特效后的效果。

图4-42　"滚动设置"对话框

图4-43　源素材

图4-44　应用"羽化边缘"视频特效后的效果

图4-45 源素材

图4-46 应用"裁剪"视频特效的效果

4.2.3 噪波与颗粒

"噪波与颗粒"类视频特效用于在画面中添加细小的杂点。根据视频特效原理的不同,"噪波与颗粒"类视频特效包括"中间值"、"噪波"、"噪波 Alpha"、"噪波 HLS"、"自动噪波 HLS"和"蒙尘与刮痕"6种视频特效,如图4-47所示。

1. 中间值

"中间值"视频特效可以将画面中每个像素的颜色值替换为该像素周边素材的 RGB 平均值,从而实现消除噪波或产生水彩画的效果。图 4-48 为源素材,图 4-49 为应用"中间值"视频特效后的效果。

图4-47 "噪波与颗粒"类视频特效

图4-48 源素材

图4-49 应用"中间值"视频特效后的效果

2. 噪波

"噪波"视频特效可以在画面中添加随机产生的彩色杂点效果。图 4-50 为源素材,图 4-51 为应用"噪波"视频特效后的效果。

图4-50 源素材

图4-51 应用"噪波"视频特效后的效果

在"噪波"视频特效的参数面板中,其参数的具体含义如下:

● 噪波数量:用于设置添加杂点的数目。

● 噪波类型:用于选择产生噪点的算法类型。选中或取消选中"使用噪波"复选框会影响画面中的噪点分布情况。

● 剪切:用于决定是否将原始的素材画面与产生噪点的画面叠放在一起。选中"剪切结果值"复选框,则会将素材画面与产生噪点的画面叠放在一起;取消选中"剪切结果值"复选框,则仅会产生噪点后的画面。图 4-52 为选中"剪切结果值"复选框前后的效果比较。

未选中"剪切结果值"复选框

选中"剪切结果值"复选框

图4-52 选中"剪切结果值"复选框前后的效果比较

3. 噪波 Alpha

"噪波 Alpha"视频特效可以将统一的或方形噪波添加到图像的 Alpha 通道中。图 4-53 为源素材,图 4-54 为应用"噪波 Alpha"视频特效后的效果。

图4-53 源素材

图4-54 应用"噪波Alpha"视频特效后的效果

在"噪波 Alpha"视频特效的参数面板中，其参数的具体含义如下：

- 噪波：用于指定效果使用的噪波类型。
- 数量：用于指定添加到图像中的噪波的数量。
- 原始 Alpha：用于指定应用到图像的 Alpha 通道中的噪波方式。
- 溢出：用于指定效果重新绘制超出 0～255 灰度缩放范围的值。
- 随机植入：用于指定噪波的随机值。
- 噪波选项（动画）：用于指定噪波的动画效果。

4. 噪波 HLS

"噪波 HLS"视频特效可以通过调整画面色调、亮度和饱和度的方式来控制噪波效果。图 4-55 为源素材，图 4-56 为应用"噪波 HLS"视频特效后的效果。

图4-55　源素材　　　　　　　图4-56　应用"噪波HLS"视频特效后的效果

5. 自动噪波 HLS

"自动噪波 HLS"视频特效与"噪波 HLS"视频特效基本相同，唯一的区别在于用户可以通过"噪波动画速度"选项来控制噪波动态效果的变化速度。图 4-57 为"自动噪波 HLS"视频特效的参数面板。

6. 蒙尘与刮痕

"蒙尘与刮痕"视频特效用于产生一种附有灰尘的、模糊的噪波效果。图 4-58 为源素材，图 4-59 为应用"蒙尘与刮痕"视频特效后的效果。

图4-57　"自动噪波HLS"视频特效的参数面板

在"蒙尘与刮痕"视频特效的参数面板中，其参数的具体含义如下：

- 半径：用于设置噪波效果影响的半径范围。
- 阈值：用于设置噪波的开始位置，数值越小，噪波影响越大，图像越模糊。

图4-58 源素材　　　　图4-59 应用"蒙尘与刮痕"视频特效后的效果

4.2.4 图像控制

"图像控制"类视频特效的主要功能是更改或替换素材画面内的某些颜色，从而达到突出画面内容的目的。"图像控制"类视频特效包括"灰度系数（Gamma）校正"、"色彩传递"、"色彩匹配"、"颜色平衡（RGB）"、"颜色替换"和"黑白"6种视频特效，如图 4-60 所示。

1. 灰度系数（Gamma）校正

"灰度系数（Gamma）校正"可以在不改变画面高亮区域和低亮区域的情况下，使画面变亮或变暗。图 4-61 为源素材，图 4-62 为应用"灰度系数（Gamma）校正"视频特效后的效果。

图4-60 "图像控制"类视频特效

图4-61 源素材　　　　图4-62 应用"灰度系数（Gamma）校正"视频特效后的效果

2. 色彩传递

"色彩传递"视频特效可以将用户指定颜色及其相近色之外的彩色区域全部变为灰度图像。在实际应用中，通常用于过滤画面内除主人公以外的其他人物及景物色彩，从而达到突出主要人物的目的。图 4-63 为源素材，图 4-64 为应用"色彩传递"视频特效后的效果。

图4-63　源素材　　　　　　　　　图4-64　应用"色彩传递"视频特效后的效果

3. 色彩匹配

"色彩匹配"视频特效可以通过调整色调、饱和度和亮度，从一个源素材画面匹配颜色给另一个素材的画面。图 4-65 为源素材，图 4-66 为应用"色彩匹配"视频特效后的效果。

图4-65　源素材　　　　　　　　　图4-66　应用"色彩匹配"视频特效后的效果

4. 颜色平衡（RGB）

"颜色平衡（RGB）"视频特效可以按 RGB 颜色模式调节画面的颜色，从而达到校色的目的。图 4-67 为源素材，图 4-68 为应用"颜色平衡（RGB）"视频特效后的效果。

图 4-67　源素材　　　　　　　　　图 4-68　应用"颜色平衡（RGB）"视频特效后的效果

5. 颜色替换

"颜色替换"视频特效可以将画面中选择的颜色替换成一个新的颜色，且保持不变的灰度级。图 4-69 为源素材，图 4-70 为应用"颜色替换"视频特效后的效果。

图4-69　源素材　　　　　　　　　图4-70　应用"颜色替换"视频特效后的效果

6. 黑白

"黑白"视频特效可以将任何彩色素材的画面变为灰度图。图 4-71 为源素材，图 4-72 为应用"黑白"视频特效后的效果。

图4-71　源素材　　　　　　　　　图4-72　应用 "黑白"视频特效后的效果

4.2.5　实用

"实用"类视频特效只有"Cineon 转换"一种视频特效，如图 4-73 所示。

"Cineon 转换"视频特效提供了一个高度数的 Cineon 图像的颜色转换器，利用该颜色转换器可以产生电影画面的转换效果。图 4-74 为源素材，图 4-75 为应用"Cineon 转换"视频特效后的效果。

在"Cineon 转换"视频特效的参数面板中，其参数的具体含义如下：

图4-73　"实用"类视频特效

- 转换类型：用于指定 Cineon 文件被转换的方式。
- 10 位黑场：为转换为 10 位对数的 Cineon 层指定黑点（最小密度）。
- 内部黑场：用于指定黑点在层中的使用量。
- 10 位白场：为转换为 10 位对数的 Cineon 层指定白点（最大密度）。
- 内部白场：用于指定白点在层中的使用量。
- 灰度系数：用于指定中间色调值。
- 高光滤除：用于指定输出值校正高亮区域的亮度。

图4-74　源素材

图4-75　应用"Cineon转换"视频特效后的效果

4.2.6　扭曲

"扭曲"类视频特效的主要用于对图像进行几何变形。"扭曲"类视频特效包括"偏移"、"变换"、"弯曲"、"放大"、"旋转"、"波形弯曲"、"球面化"、"紊乱置换"、"边角固定"、"镜像"和"镜头扭曲"11 种视频特效，如图 4-76 所示。

1. 偏移

"偏移"视频特效可以将画面进行偏移复制，从而产生虚影效果。图 4-77 为源素材，图 4-78 为应用"偏移"视频特效后的效果。

图4-76　"扭曲"类视频特效

图4-77　源素材

图4-78　应用"偏移"视频特效后的效果

2. 变换

"变换"视频特效可以对画面应用二维几何转换效果。用户通过"特效控制台"面板可以调整画面的位置、尺寸、透明度、倾斜度等。图 4-79 为源素材，图 4-80 为应用"变换"视频特效后的效果。

图4-79　源素材

图4-80　应用"变换"视频特效后的效果

3. 弯曲

"弯曲"视频特效能够使画面产生一种扭曲、变形，仿佛是照哈哈镜的效果。图 4-81 为源素材，图 4-82 为应用"弯曲"视频特效后的效果。

图4-81　源素材

图4-82　应用"弯曲"视频特效后的效果

4. 放大

"放大"视频特效可以放大显示素材画面中的指定位置，从而模拟人们使用放大镜观察物体的效果。图 4-83 为源素材，图 4-84 为应用"放大"视频特效后的效果。

5. 旋转

"旋转"视频特效可以使素材画面中的部分区域围绕指定点来旋转图像画面。图 4-85 为源素材，图 4-86 为应用"旋转"视频特效的效果。

在"旋转"视频特效的参数面板中，其参数的具体含义如下：

- 角度：用于指定旋转的角度。
- 旋转扭曲半径：用于指定旋转区域的范围。
- 旋转扭曲中心：用于设置旋转中心的坐标。

图4-83　源素材

图4-84　应用"放大"视频特效后的效果

图4-85　源素材

图4-86　应用"旋转"视频特效的效果

6. 波形弯曲

"波形弯曲"视频特效可以使素材画面变形为波浪的形状。图 4-87 为源素材，图 4-88 为应用"波形弯曲"视频特效后的效果。

图4-87　源素材

图4-88　应用"波形弯曲"视频特效后的效果

7. 球面化

"球面化"视频特效可以使素材画面产生球面化的形状。图 4-89 为源素材,图 4-90 为应用"球面化"视频特效后的效果。

图4-89　源素材

图4-90　应用"球面化"视频特效后的效果

在"球面化"视频特效的参数面板中,其参数的具体含义如下:

- 半径:用于设置球形半径。
- 球面中心:用于设置球形中心的坐标。

8. 紊乱置换

"紊乱置换"视频特效能够在画面上产生随机的画面扭曲效果。图 4-91 为源素材,图 4-92 为应用"紊乱置换"视频特效后的效果。

图4-91　源素材

图4-92　应用"紊乱置换"视频特效后的效果

在"紊乱置换"视频特效的参数面板中,其主要参数的具体含义如下:

- 置换:用于指定旋转的角度。
- 数量:用于指定旋转区域的范围。
- 大小:用于设置旋转中心的坐标。
- 偏移(湍流):用于设置扭曲的方向。
- 复杂度:用于设置扭曲的复杂程度。

9. 边角固定

"边角固定"视频特效可以改变素材画面 4 个边角的位置,从而使画面产生弯曲效果。图 4-93 为源素材,图 4-94 为应用"边角固定"视频特效后的效果。

图4-93　源素材　　　　　　　　　图4-94　应用"边角固定"视频特效后的效果

10. 镜像

"镜像"视频特效可以使素材画面沿分割线进行任意角度的反射操作。图 4-95 为源素材,图 4-96 为应用"镜像"视频特效后的效果。

图4-95　源素材　　　　　　　　　图4-96　应用"镜像"视频特效后的效果

11. 镜头扭曲

"镜头扭曲"视频特效可以模拟从变形透镜观看画面的效果。图 4-97 为源素材,图 4-98 为应用"镜头扭曲"视频特效后的效果。

在"镜头扭曲"视频特效的参数面板中,其参数的具体含义如下:

● 弯度:用于设置四角的弯度。

● 垂直偏移:用于设置在垂直方向上的偏移度。

● 水平偏移:用于设置在水平方向上的偏移度。

● 垂直棱镜效果:用于设置在垂直方向上的棱镜效果。

● 水平棱镜效果：用于设置在水平方向上的棱镜效果。

● 填充颜色：用于设置扭曲后露出的空间填充颜色，默认为白色。

图4-97 源素材

图4-98 应用"镜头扭曲"视频特效后的效果

4.2.7 时间

"时间"类视频特效可以制作出因为时间变化而产生的变形效果。"时间类"类视频特效包括"抽帧"、"时间偏差"和"重影"3 种视频特效，如图 4-99 所示。

1. 抽帧

"抽帧"视频特效可以将视频素材锁定到一个指定的帧率，以跳帧播放的方式产生动画效果。

2. 时间偏差

图4-99 "时间"类视频特效

"时间偏差"视频特效只影响视频，可以产生时间错位的视频效果。使用该特效可以降低视频素材的播放速度，但不影响视频素材的持续时间。在同一时间段，添加"时间偏差"特效前后会出现不同的视频画面，这就是时间错位产生的效果。

3. 重影

"重影"视频特效可以混合一个视频素材中很多不同的时间帧，从而产生重影效果。

4.2.8 模糊与锐化

"模糊与锐化"类视频特效的作用与其名称完全相同，这些视频特效有些能够使画面变得更加朦胧，而有些则能够让画面变得更为清晰。"模糊与锐化"类视频特效包括"复合模糊"、"定向模糊"、"快速模糊"、"摄像机模糊"、"残像"、"消除锯齿"、"通道模糊"、"锐化"、"非锐化遮罩"和"高斯模糊"10 种视频切换，如图 4-100 所示。

图4-100 "模糊与锐化"类视频特效

1. 复合模糊

"复合模糊"视频特效可以为指定轨道上的素材画面添加全面的模糊效果。图 4-101 为源素材，图 4-102 为应用"复合模糊"视频特效后的效果。

图4-101　源素材

图4-102　应用"复合模糊"视频特效后的效果

在"复合模糊"视频特效的参数面板中，其参数的具体含义如下：

- 模糊图层：用于指定需要进行模糊的素材画面所在的视频轨道。
- 最大模糊：用于指定模糊的最大程度，数值越大，模糊效果越明显。
- 如果图层大小不同：如果图层的尺寸不一致，选中"伸展图层以匹配"复选框，将自动使素材调整到合适的尺寸。
- 反相模糊：选中该复选框后，将启用反向模糊。

2. 定向模糊

"定向模糊"视频特效能够使素材画面向指定方向进行模糊处理，从而使画面产生动态效果。图 4-103 为源素材，图 4-104 为应用"定向模糊"视频特效后的效果。

图4-103　源素材

图4-104　应用"定向模糊"视频特效后的效果

3. 快速模糊

"快速模糊"视频特效可以指定画面模糊的程度和方向，模糊速度比后面的高斯模糊更快。图 4-105 为源素材，图 4-106 为应用"快速模糊"视频特效后的效果。

图4-105 源素材

图4-106 应用"快速模糊"视频特效后的效果

4. 摄像机模糊

"摄像机模糊"视频特效可以产生离开摄像机焦点范围时所产生的"虚焦"效果。图4-107为源素材，图4-108为应用"摄像机模糊"视频特效后的效果。

图4-107 源素材

图4-108 应用"快速模糊"视频特效后的效果

5. 残像

"残像"视频特效用于视频素材中将经过的帧的画面叠加到当前帧的画面上，从而产生重影效果。图4-109为源素材，图4-110为应用"残像"视频特效后的效果。

图4-109 源素材

图4-110 应用"残像"视频特效后的效果

6. 消除锯齿

"消除锯齿"视频特效可以使画面中的物体边缘变得更加柔和。图 4-111 为源素材，图 4-112 为应用"消除锯齿"视频特效后的效果。

图4-111　源素材

图4-112　应用"消除锯齿"视频特效后的效果

7. 通道模糊

"通道模糊"视频特效可以对素材画面的不同颜色通道进行模糊处理。图 4-113 为源素材，图 4-114 为应用"通道模糊"视频特效后的效果。

图4-113　源素材

图4-114　应用"通道模糊"视频特效后的效果

8. 锐化

"锐化"视频特效可以增加相邻像素间的对比度，从而使画面变得清晰。图 4-115 为源素材，图 4-116 为应用"锐化"视频特效后的效果。

图4-115　源素材

图4-116　应用"通道模糊"视频特效后的效果

9. 非锐化遮罩

"非锐化遮罩"视频特效可以将画面中模糊的地方变亮。图 4-117 为源素材,图 4-118 为应用"非锐化遮罩"视频特效后的效果。

图4-117　源素材　　　　　图4-118　应用"非锐化遮罩"视频特效后的效果

10. 高斯模糊

"高斯模糊"视频特效是利用高斯运算的方法生成模糊效果,可以使画面中的部分区域表现效果更为细腻。图 4-119 为源素材,图 4-120 为应用"高斯模糊"视频特效后的效果。

图4-119　源素材　　　　　图4-120　应用"高斯模糊"视频特效的效果

4.2.9　渲染

"渲染"类视频特效只有"椭圆形"一种视频特效,如图 4-121 所示。

"椭圆形"视频特效可以在画面中产生一种类似于光环的效果,起着装饰图像的作用。图 4-122 为源素材,图 4-123 为应用"椭圆形"视频特效后的效果。

图4-121　"渲染"类视频特效

图4-122　源素材

图4-123　应用"椭圆形"视频特效后的效果

4.2.10　生成

"生成"类视频特效用于在素材画面中形成炫目的光效或者图案。"生成"类视频特效包括"书写"、"发光"、"吸色管填充"、"四色渐变"、"圆形"、"棋盘"、"油漆桶"、"渐变"、"网格"、"蜂巢图案"、"镜头光晕"和"闪电"12种视频特效,如图4-124所示。

1. 书写

"书写"视频特效可以在画面中产生书写的效果。图4-125为应用"书写"视频特效后的效果。

图4-124　"生成"类视频特效

图4-125　应用"书写"视频特效后的效果

2. 发光

"发光"视频特效可以使素材画面产生被强光照射后的效果。图4-126为源素材,图4-127为应用"发光"视频特效后的效果。

3. 吸色管填充

"吸色管填充"视频特效视频特效可以通过调节采样点的位置,将采样点所在位置的颜色覆盖于整个图像上。该特效便于在最初的素材画面的一个点上采集一个纯色或从一个素材画面上采集一个颜色并利用混合模式应用到第2个素材画面上。图4-128为源素材,图4-129为应用"吸色管填充"视频特效后的效果。

图4-126 源素材

图4-127 应用"发光"视频特效后的效果

图4-128 源素材

图4-129 应用"吸色管填充"视频特效后的效果

4. 四色渐变

"四色渐变"视频特效可以使画面产生 4 种混合渐变颜色。图 4-130 为源素材，图 4-131 为应用"四色渐变"视频特效后的效果。

图4-130 源素材

图4-131 应用"四色渐变"视频特效后的效果

5. 圆形

"圆形"视频特效可以任意创造一个实心圆或圆环，通过设置该特效的混合模式可以形成区域混合效果。图 4-132 为源素材，图 4-133 为应用"圆形"视频特效后的效果。

图4-132　源素材

图4-133　应用"圆形"视频特效后的效果

6. 棋盘

"棋盘"视频特效可以创造出像国际象棋式的方形图案，其中方形图案中有一半是透明的。图 4-134 为源素材，图 4-135 为应用"棋盘"视频特效后的效果。

图4-134　源素材

图4-135　应用"棋盘"视频特效后的效果

7. 油漆桶

"油漆桶"视频特效可以将一种纯色填充到一个区域，并可以设置其与画面的混合模式。图 4-136 为源素材，图 4-137 为应用"油漆桶"视频特效后的效果。

图4-136　源素材

图4-137　应用"油漆桶"视频特效后的效果

8. 渐变

"渐变"视频特效可以在画面上创建彩色渐变，并使其与源素材画面融合在一起。图 4-138 为源素材，图 4-139 为应用"渐变"视频特效后的效果。

图4-138　源素材

图4-139　应用"渐变"视频特效后的效果

9. 网格

"网格"视频特效可以创造一组栅格效果。用户可以任意调节栅格的大小和羽化，或将其作为一个可调节透明度的蒙板用于素材上。图 4-140 为源素材，图 4-141 为应用"网格"视频特效后的效果。

图4-140　源素材

图4-141　应用"网格"视频特效后的效果

10. 蜂巢图案

"蜂巢图案"视频特效可以在噪波的基础上产生静态或移动的类似于蜂巢的背景纹理和图案效果。图 4-142 为源素材，图 4-143 为应用"蜂巢图案"视频特效后的效果。

图4-142　源素材

图4-143　应用"蜂巢图案"视频特效后的效果

11. 镜头光晕

"镜头光晕"视频特效可以模拟出镜头光斑的效果。图 4-144 为源素材,图 4-145 为应用"镜头光晕"视频特效后的效果。

图4-144　源素材

图4-145　应用"镜头光晕"视频特效后的效果

12. 闪电

"闪电"视频特效可以在画面上产生类似闪电或电火花的光电效果。图 4-146 为源素材,图 4-147 为应用"闪电"视频特效后的效果。

图4-146　源素材

图4-147　应用"闪电"视频特效后的效果

4.2.11　色彩校正

"色彩校正"类视频特效的主要作用是调节素材画面的色彩,从而修正受损的素材。其他类型的视频特效虽然也能够在一定程度上完成上述工作,但色彩校正类视频特效在色彩调整方面的选项更为详尽,因此对画面色彩的校正效果也更为专业,可控性也更强。"色彩校正"类视频特效包括"RGB 曲线"、"RGB 色彩校正"、"三路色彩校正"、"亮度与对比度"、"亮度曲线"、"亮度校正"、"广播级色彩"、"快速色彩校正"、"更改颜色"、"着色"、"脱色"、"色彩均化"、"色彩平衡"、"色彩平衡 (HLS)"、"视频限幅器"、"转换颜色"和"通道混合器"17种视频效果,如图 4-148 所示。

图4-148　"色彩校正"类视频特效

1. RGB 曲线

"RGB 曲线"视频特效和"调整"类中的"色阶"视频特效的功能相同，均能够调整素材画面中的明暗关系和色彩变化。所不同的是，"色阶"视频特效只能够调整画面内的阴影、高光和中间调 3 个区域，而"RGB 曲线"视频特效则能够平滑调整素材画面内的 256 级灰度，从而获得更为细腻的画面调整效果。图 4-149 为源素材，图 4-150 为应用"RGB 曲线"视频特效后的效果。

图4-149　源素材

图4-150　应用"RGB曲线"视频特效后的效果

2. RGB 色彩校正

"RGB 色彩校正"视频特效可以通过色调调整画面，也可以通过通道调整画面。而且"RGB 色彩校正"还将调整这些内容的参数拆分为"灰度系数"、"基值"和"增益"3 项，从而使用户能够更为精确、细致地调整画面色彩、亮度等内容。图 4-151 为源素材，图 4-152 为应用"RGB 色彩校正"视频特效后的效果。·

图4-151　源素材

图4-152　应用"RGB色彩校正"视频特效后的效果

3. 三路色彩校正

"三路色彩校正"视频特效可以细致地调整画面颜色的色调、饱和度和亮度。图 4-153 为源素材，图 4-154 为应用"三路色彩校正"视频特效后的效果。

图4-153　源素材

图4-154　应用"三路色彩校正"视频特效后的效果

4. 亮度与对比度

"亮度与对比度"视频特效可以调节画面的亮度与对比度。该效果会同时调整所有像素的亮部区域、暗部区域和中间色区域，但不能对单一通道进行调节。图4-155为源素材，图4-156为应用"亮度与对比度"视频特效后的效果。

图4-155　源素材

图4-156　应用"亮度与对比度"视频特效后的效果

5. 亮度曲线

"亮度曲线"视频特效为用户提供的控制方式也是曲线调整图，这与"RGB曲线"视频特效相同。不过，这里的调整对象只是亮度曲线，且只能对整个画面的亮度进行统一控制，而无法单独调整每个通道的亮度。图4-157为源素材,图4-158为应用"亮度曲线"视频特效后的效果。

图4-157　源素材

图4-158　应用"亮度曲线"视频特效后的效果

6. 亮度校正

"亮度校正"视频特效可以分别调整画面的色调范围在高光、中间值和阴影状态时的亮度。图 4-159 为源素材，图 4-160 为应用"亮度校正"视频特效后的效果。

图4-159　源素材

图4-160　应用"亮度校正"视频特效后的效果

7. 广播级色彩

"广播级色彩"用于改变、设置像素的色值范围，保持信号的幅度。广播制式有 NTSC 和 PAL 两种。图 4-161 为源素材，图 4-162 为应用"广播级色彩"视频特效后的效果。

图4-161　源素材

图4-162　应用"广播级色彩"视频特效后的效果

8. 快速色彩校正

"快速色彩校正"视频特效可以通过色相平衡和角度控制器来调整素材的颜色，也可以通过调整输入和输出电平进行调节。图 4-163 为源素材，图 4-164 为应用"快速色彩校正"视频特效后的效果。

图4-163　源素材

图4-164　应用"快速色彩校正"视频特效后的效果

9. 更改颜色

Premiere 为用户提供了多种将画面内的部分色彩更改为其他色彩的方法。而"更改颜色"视频特效是最简单且效果最佳的一种。该视频特效是通过在画面色彩范围内调整色相、亮度和饱和度来改变色彩范围内的颜色。图 4-165 为源素材，图 4-166 为应用"更改颜色"视频特效后的效果。

图4-165　源素材　　　　　　图4-166　应用"更改颜色"视频特效后的效果

10. 着色

"着色"可以修改画面的颜色信息，并对每一个像素效果施加一种混合效果。图 4-167 为源素材，图 4-168 为应用"着色"视频特效后的效果。

图4-167　源素材　　　　　　图4-168　应用"着色"视频特效后的效果

11. 脱色

"脱色"视频特效可以去除画面中部分色彩信息。图 4-169 为源素材，图 4-170 为应用"脱色"视频特效后的效果。

图4-169　源素材　　　　　　图4-170　应用"脱色"视频特效后的效果

12. 色彩均化

"色调均化"视频特效可以重新分布画面中像素的亮度值，以便它们更均匀地呈现所有范围的亮度级。图 4-171 为源素材，图 4-172 为应用"色彩均化"视频特效后的效果。

图4-171　源素材

图4-172　应用"色彩均化"视频特效的效果

13. 色彩平衡

"色调平衡"视频特效可以通过设置画面的阴影及中间调和高光下的红、绿、蓝三色的参数来改变画面的颜色。图 4-173 为源素材，图 4-174 为应用"色彩平衡"视频特效后的效果。

图4-173　源素材

图4-174　应用"色彩平衡"视频特效后的效果

14. 色彩平衡（HLS）

"色彩平衡（HLS）"视频特效可以通过设置画面的色相、饱和度和明度来改变画面的颜色。图 4-175 为源素材，图 4-176 为应用"色彩平衡（HLS）"视频特效后的效果。

图4-175　源素材

图4-176　应用"色彩平衡（HLS）"视频特效后的效果

15. 视频限幅器

"视频限幅器"视频特效可以影响并限制画面的亮度和颜色。图 4-177 为源素材, 图 4-178 为应用"视频限幅器"视频特效后的效果。

图4-177 源素材

图4-178 应用"视频限幅器"视频特效后的效果

16. 转换颜色

"转换颜色"视频特效可以指定某种颜色, 然后使用一种新的颜色替换指定颜色。图 4-179 为源素材, 图 4-180 为应用"转换颜色"视频特效后的效果。

图4-179 源素材

图4-180 应用"转换颜色"视频特效后的效果

17. 通道混合器

"通道混合器"视频特效可以通过为每个通道设置不同的偏移量来校正画面的色彩。图 4-181 为源素材, 图 4-182 为应用"通道混合器"视频特效后的效果。

图4-181 源素材

图4-182 应用"通道混合器"视频特效后的效果

4.2.12　视频

"视频"类视频特效只有"时间码"一种视频特效，如图 4-183 所示。

"时间码"视频特效可以在视频画面上添加一个播放时间的效果，时间数值会随着视频播放进度而变化。图 4-184 为源素材，图 4-185 为应用"时间码"视频特效后的效果。

图4-183　"视频"类视频特效

图4-184　源素材

图4-185　应用"时间码"视频特效后的效果

4.2.13　调整

"调整"类视频特效主要通过调整图像的色阶、阴影和高光，以及亮度、对比度等方式来达到优化影像质量或实现某个特殊画面的目的。"调整"类视频特效包括"卷积内核"、"基本信号控制"、"提取"、"照明效果"、"自动对比度"、"自动色阶"、"自动颜色"、"色阶"和"阴影/高光"9 种视频效果，如图 4-186 所示。

1. 卷积内核

"卷积内核"视频特效可以根据数学卷积分的运算来改变画面中每个像素的亮度值，从而实现特殊效果。图 4-187 为源素材，图 4-188 为应用"卷积内核"视频特效后的效果。

图4-186　"调整"类视频特效

图4-187　源素材

图4-188　应用"卷积内核"视频特效后的效果

2. 基本信号控制

"基本信号控制"视频特效可以通过调整画面的亮度、对比度，以及色相、饱和度等基本属性来实现优化画面质量的目的。图 4-189 为源素材，图 4-190 为应用"基本信号控制"视频特效后的效果。

图4-189　源素材　　　　　图4-190　应用"基本信号控制"视频特效后的效果

在"基本信号控制"视频特效的参数面板中，其参数的具体含义如下：

● 亮度：用于调整画面的整体亮度。数值越小，画面越暗，反之则越亮。

● 对比度：用于调整画面亮部与暗部之间的反差。数值越小，反差越小，表现为色彩变得暗淡，且黑白色都开始发灰；数值越大，则反差越大，表现为黑色更黑而白色更白。

● 色相：用于调整画面的整体色调。

● 饱和度：用于调整画面色彩的鲜艳程度。数值越大，色彩越鲜艳；反之则越暗淡；当数值为 0 时，画面会变为灰度图像。

● 拆分百分比：用于调整添加"基本信号控制"视频特效前后屏幕划分开的两个部分的百分比。该项在选中"拆分屏幕"选项后才会起作用。图 4-191 为将"拆分百分比"设置为 50% 的画面效果。

图4-191　"拆分百分比"为50%的画面效果

3. 提取

"提取"视频特效可以去除素材画面内的彩色信息，从而将彩色画面处理为灰度画面。图 4-192 为源素材，图 4-193 为应用"提取"视频特效后的效果。

在"提取"视频特效的参数面板中，其参数的具体含义如下：

● 输入黑色阶：用于设置画面中黑色像素的数量。数值越小，黑色像素越少。

● 输入白色阶：用于设置画面中白色像素的数量。数值越小，白色像素越少。

● 柔和度：用于设置画面中灰色像素的阶数和数量。数值越小，黑、白像素间的过渡就越为直接；反之，黑、白像素间的过渡就越柔和。

● 反相：选中该项后，Premiere 将置换画面中的黑白像素，即黑像素变为白像素，白像素变为黑像素。

图4-192　源素材　　　　　　　　　图4-193　应用"提取"视频特效后的效果

4. 照明效果

"照明效果"视频特效是通过控制光源数量、光源类型及颜色来达到为画面中的场景添加真实光照效果的目的。图 4-194 为源素材，图 4-195 为应用"照明效果"视频特效后的效果。

图4-194　源素材　　　　　　　　　图4-195　应用"照明效果"视频特效后的效果

在"照明效果"视频特效的参数面板中，其主要参数的具体含义如下：

● 光照 1/2/3/4/5：用于设置投射到画面中的光源效果。
● 环境照明色：用于设置光源色彩。
● 环境照明强度：用于设置环境照明的亮度。数值越小，光源强度越小；反之则越大。
● 表面光泽：用于设置画面中高光部分的亮度与光泽度。
● 表面质感：用于设置光照范围内中性色部分的强度。
● 曝光度：用于设置画面的曝光强度。

5. 自动对比度

"自动对比度"视频特效用于调整画面中总的色彩混合，除去偏色。图 4-196 为源素材，图 4-197 为应用"自动对比度"视频特效后的效果。

图4-196　源素材　　　　　　　　图4-197　应用"自动对比度"视频特效后的效果

6. 自动色阶

"自动色阶"视频特效可以自动调节画面中的高光和阴影。图 4-198 为源素材，图 4-199 为应用"自动色阶"视频特效后的效果。

图4-198　源素材　　　　　　　　图4-199　应用"自动色阶"视频特效后的效果

7. 自动颜色

"自动颜色"视频特效可以自动调节黑色和白色像素的对比度。图 4-200 为源素材，图 4-201 为应用"自动颜色"视频特效后的效果。

图4-200　源素材　　　　　　　　图4-201　应用"自动颜色"视频特效后的效果

8. 色阶

"色阶"视频特效是 Premiere Pro CS4 图像效果调整特效中较为常用且较为复杂的视频特效之一。"色阶"视频特效是通过调整画面中的亮度和对比度的强度级别，来达到校正素材画面的色调范围和颜色平衡的目的。图 4-202 为源素材，图 4-203 为应用"色阶"视频特效后的效果。

图4-202 源素材

图4-203 应用"色阶"视频特效后的效果

9. 阴影/高光

"阴影/高光"视频特效能够基于阴影或高光区域，使其局部相邻像素的亮度提高或降低，从而达到校正由强逆光而形成的剪影画面。图 4-204 为源素材，图 4-205 为应用"阴影/高光"视频特效后的效果。

图4-204 源素材

图4-205 应用"阴影/高光"视频特效后的效果

4.2.14 过渡

"过渡"类视频特效主要用于通过设置关键帧动画来实现两个画面之间的切换，其作用类似于 Premiere 中的视频转场。"过渡"类视频特效包括"块溶解"、"径向擦除"、"渐变擦除"、"百叶窗"和"线性擦除"5 种视频效果，如图 4-206 所示。

图4-206 "过渡"类视频特效

1. 块溶解

"块溶解"视频特效能够在素材画面中随机产生块状区域。通过设置关键帧动画可以实现不同轨道中素材画面的切换效果。图 4-207 为源素材，图 4-208 为应用"块溶解"视频特效后的效果。

图4-207 源素材

图4-208 应用"块溶解"视频特效后的效果

2. 径向擦除

"径向擦除"视频特效能够通过设置关键帧动画使素材画面以指定的一个点为中心进行旋转，从而显示出下面的素材画面。图 4-209 为源素材，图 4-210 为应用"径向擦除"视频特效后的效果。

图4-209 源素材

图4-210 应用"径向擦除"视频特效后的效果

3. 渐变擦除

"渐变擦除"视频特效能够根据两个素材画面的颜色和亮度建立一个新的渐变层，通过设置关键帧动画可以在第 1 个素材画面逐渐消失的同时逐渐显现出第 2 个素材画面。图 4-211 为源素材，图 4-212 为应用"渐变擦除"视频特效后的效果。

4. 百叶窗

"百叶窗"视频特效通过设置关键帧动画能够模拟百叶窗张开或闭合的效果。图 4-213 为源素材，图 4-214 为应用"百叶窗"视频特效后的效果。

图4-211　源素材

图4-212　应用"径向擦除"视频特效后的效果

图4-213　源素材

图4-214　应用"百叶窗"视频特效后的效果

5. 线性擦除

"线性擦除"视频特效通过设置关键帧动画可以以任意角度擦除画面。图 4-215 为源素材，图 4-216 为应用"线性擦除"视频特效后的效果。

图4-215 源素材

图4-216 应用"线性擦除"视频特效后的效果

4.2.15 透视

"透视"类视频特效可以使画面具有空间立体的效果。"透视"类视频特效包括"基本 3D"、"径向放射阴影"、"斜角边"、"斜边 Alpha"和"阴影（投影）"5 种视频效果，如图 4-217 所示。

1. 基本 3D

"基本 3D"视频特效可以在一个虚拟的三维空间中操作画面。在该虚拟空间中，素材画面可以绕水平和垂直的轴进行转动，还可以产生画面的移动效果。此外，用户还可以在画面上添加发光效果，从而产生更逼真的效果。图 4-218 为源素材，图 4-219 为应用"基本 3D"视频特效后的效果。

图4-217 "透视"类视频特效

图4-218 源素材

图4-219 应用"基本3D"视频特效后的效果

在"基本 3D"视频特效的参数面板中，其参数的具体含义如下：

● 旋转：用于设置画面水平旋转的角度。

● 倾斜：用于设置画面垂直旋转的角度。

- 与图像的距离：用于设置画面移近或移远的距离。
- 显示镜面高光：用于给画面添加光线效果。
- 绘制预览线框：选中该项后，在对画面进行操作时，画面会以线框的形式显示，从而加快设备运算速度。

2. 径向放射阴影

"径向放射阴影"视频特效可以利用画面上方的电光源来营造阴影效果。图 4-220 为源素材，图 4-221 为先应用"基本 3D"视频特效，再应用"径向放射阴影"视频特效后的效果。

图4-220　源素材　　　　　　图4-221　应用"径向放射阴影"视频特效后的效果

3. 斜角边

"斜角边"视频特效可以使画面产生一种棱角分明的高亮三维效果。边缘的位置由源图像的 Alpha 通道来决定。与"斜边 Alpha"视频特效不同的是，该效果产生的边缘总是成直角的。图 4-222 为源素材，图 4-223 为应用"斜角边"视频特效后的效果。

图4-222　源素材　　　　　　图4-223　应用"斜角边"视频特效后的效果

4. 斜边 Alpha

"斜边 Alpha"视频特效可以使画面四周产生圆滑的三维倒角效果。图 4-224 为源素材，图 4-225 为应用"斜边 Alpha"视频特效后的效果。

图4-224 源素材

图4-225 应用"斜边Alpha"视频特效后的效果

5. 阴影（投影）

"阴影（投影）"视频特效可以给画面添加一种阴影效果。图 4-226 为源素材，图 4-227 为应用"阴影（投影）"视频特效后的效果。

图4-226 源素材

图4-227 应用"阴影（投影）"视频特效后的效果

4.2.16 通道

"通道"类视频特效主要用于处理通道素材。"通道"类视频特效包括"反相"、"固态合成"、"复合运算"、"混合"、"算术"、"计算"和"设置遮罩"7 种视频效果，如图 4-228 所示。

图4-228 "通道"类视频特效

1. 反相

"反相"视频特效用于将画面的颜色信息反转成相应的补色。图 4-229 为源素材，图 4-230 为应用"反相"视频特效后的效果。

图4-229　源素材

图4-230　应用"反相"视频特效后的效果

2. 固态合成

"固态合成"视频特效可以根据混合色对画面进行单色混合。图 4-231 为源素材，图 4-232 为应用"固态合成"视频特效后的效果。

图4-231　源素材

图4-232　应用"固态合成"视频特效后的效果

3. 复合运算

"复合运算"视频特效可以根据二维源图层对画面进行"添加"、"减去"等各种运算操作。图 4-233 为源素材，图 4-234 为应用"复合运算"视频特效后的效果。

图4-233　源素材

图4-234　应用"复合运算"视频特效后的效果

4. 混合

"混合"视频特效用于将当前素材画面与指定轨道的画面进行混合。图 4-235 为源素材，图 4-236 为素材画面与自身轨道应用"混合"视频特效后的效果。

图4-235 源素材

图4-236 应用"混合"视频特效后的效果

5. 算术

"算数"视频特效可以将一个素材画面的红、绿、蓝通道进行不同的简单数学操作。图 4-237 为源素材，图 4-238 为应用"算术"视频特效后的效果。

图4-237 源素材

图4-238 应用"算术"视频特效后的效果

6. 计算

"计算"视频特效可以将一个素材画面的通道与另一个素材画面的通道结合在一起。图 4-239 为源素材，图 4-240 为应用"计算"视频特效后的效果。

视频1

视频2

图4-239 源素材

图4-240 应用"计算"视频特效后的效果

7. 设置遮罩

"设置遮罩"视频特效可以将当前素材画面与指定轨道中的相关遮罩进行混合。

4.2.17　键控

"键控"类视频特效主要是在多个素材发生重叠时，隐藏顶层素材画面中的部分内容，从而在相应位置处显现出底层素材的画面，达到拼合素材的目的。"键控"类视频特效包括"16 点无用信号遮罩"、"4 点无用信号遮罩"、"8 点无用信号遮罩"、"Alpha 调整"、"RGB 差异键"、"亮度键"、"图像遮罩键"、"差异遮罩"、"移除遮罩"、"色度键"、"蓝屏键"、"轨道遮罩键"、"非红色键"和"颜色键"14种视频特效，如图 4-241 所示。

图4-241　"键控"类视频特效

1. 16 点无用信号遮罩

"16 点无用信号遮罩"是在画面中设定 16 个遮罩点，并利用这些遮罩点所连成的封闭区域来确定画面的可见部分。图 4-242 为源素材，图 4-243 为应用"16 点无用信号遮罩"视频特效后的效果。

图4-242　源素材

图4-243　应用"16点无用信号遮罩"视频特效后的效果

2. 4 点无用信号遮罩

"4 点无用信号遮罩"是在画面中设定 4 个遮罩点，并利用这些遮罩点所连成的封闭区域来确定画面的可见部分。图 4-244 为源素材，图 4-245 为应用"4 点无用信号遮罩"视频特效后的效果。

图4-244　源素材

图4-245　应用"4点无用信号遮罩"视频特效后的效果

3. 8 点无用信号遮罩

"8 点无用信号遮罩"是在画面中设定 8 个遮罩点，并利用这些遮罩点所连成的封闭区域来确定画面的可见部分。图 4-246 为源素材,图 4-247 为应用"8 点无用信号遮罩"视频特效后的效果。

图4-246　源素材

图4-247　应用"8点无用信号遮罩"视频特效后的效果

4. Alpha 调整

"Alpha 调整"视频特效可以通过影响 Alpha 通道来改变画面的叠加效果。图 4-248 为源素材，图 4-249 为应用"Alpha 调整"视频特效后的效果。

图4-248　源素材

图4-249　应用"Alpha调整"视频特效后的效果

5. RGB 差异键

"RGB 差异键"视频特效可以抠去画面中指定的颜色，使之变为透明。图 4-250 为源素材，图 4-251 为应用"RGB 差异键"视频特效后的效果。

图4-250　源素材

图4-251　应用"RGB差异键"视频特效后的效果

6. 亮度键

"亮度键"视频特效可以抠去画面中较暗的部分，使之变为透明，从而显现出底层画面效果。图 4-252 为源素材，图 4-253 为应用"亮度键"视频特效后的效果。

图4-252　源素材　　　　　　图4-253　应用"亮度键"视频特效后的效果

7. 图像遮罩键

"图像遮罩键"视频特效是在画面的亮度值基础上通过遮罩图像屏蔽后的素材图像。图 4-254 为源素材，图 4-255 为遮罩图像，图 4-256 为应用"图像遮罩键"视频特效后的效果。

图4-254　源素材　　　　　　　图4-255　遮罩图像

图4-256　应用"图像遮罩键"视频特效后的效果

8. 差异遮罩

"差异遮罩"视频特效可以对比两个相似的画面素材，并在屏幕中去除两个画面的相似部分，而只留下有差异的画面内容。图 4-257 为源素材，图 4-258 为应用"差异遮罩"视频特效后的效果。

图4-257　源素材

图4-258　应用"差异遮罩"视频特效后的效果

9. 移除遮罩

"移除遮罩"视频特效用于去除从一个透明通道导入的影片或者用 After Effects 创建的透明通道的光晕效果。

10. 色度键

"色度键"视频特效与"RGB 差异键"键视频特效一样，都可以抠去画面中指定的颜色，使之变为透明。二者不同之处在于，"色度键"视频特效可以单独调节素材像素的颜色和灰度值，而"亮度键"视频特效可以同时调节这些内容。图 4-259 为源素材，图 4-260 为应用"色度键"视频特效后的效果。

图4-259　源素材　　　　图4-260　应用"色度键"视频特效后的效果

11. 蓝屏键

"蓝屏键"视频特效用于去除画面中的蓝色部分。图 4-261 为源素材，图 4-262 为应用"蓝屏键"视频特效后的效果。

图4-261　源素材

图4-262　应用"蓝屏键"视频特效后的效果

12. 轨道遮罩键

"轨道遮罩键"视频特效与"图像遮罩键"视频特效的原理相同，都是将其他素材作为遮罩后隐藏或显示目标画面的部分内容。二者的区别在于，前者是将画面素材添加到时间线后作为遮罩素材使用，而后者则是直接将遮罩素材附加到目标画面上。图 4-263 为源素材，图 4-264 为遮罩图像，图 4-265 为应用"轨道遮罩键"视频特效后的效果。

图4-263　源素材

图4-264　遮罩图像

图4-265　应用"轨道遮罩键"视频特效后的效果

13. 非红色键

"非红色键"视频特效的使用方法与"蓝色键"视频特效的使用方法相同，不同的是该特效能够同时去除画面中的蓝色和绿色背景。图 4-266 为源素材，图 4-267 为应用"非红色键"视频特效后的效果。

图4-266　源素材　　　　　　　　图4-267　应用"非红色键"视频特效后的效果

14. 颜色键

"颜色键"视频特效用于去除画面中的指定色彩。图 4-268 为源素材，图 4-269 为应用"颜色键"视频特效后的效果。

图4-268　源素材　　　　　　　　图4-269　应用"颜色键"视频特效后的效果

4.2.18　风格化

"风格化"类视频特效是通过移动和置换图像像素，以及提高图像对比度的方式来产生各种特殊效果。"风格化"类视频特效包括"Alpha 辉光"、"复制"、"彩色浮雕"、"招贴画"、"曝光过度"、"查找边缘"、"浮雕"、"画笔描绘"、"纹理材质"、"边缘粗糙"、"闪光灯"、"阈值"和"马赛克"13 种视频特效，如图 4-270 所示。

1. Alpha 辉光

"Alpha 辉光"视频特效仅对具有 Alpha 通道的素材起作用，而且仅对第 1 个 Alpha 通道起作用。该特效可以在 Alpha 通道指定的区域边缘产生一种颜色逐渐衰减或切换到另一种颜色的效果。图 4-271 为源素材，图 4-272 为应用"Alpha 辉光"视频特效后的效果。

图4-270　"风格化"类视频特效

图4-271　源素材　　　　　　图4-272　应用"Alpha辉光"视频特效后的效果

2. 复制

"复制"视频特效可以将整个画面分成若干区域，其中每个区域都将显示完整的画面效果。图 4-273 为源素材，图 4-274 为应用"复制"视频特效后的效果。

图4-273　源素材　　　　　　图4-274　应用"复制"视频特效后的效果

3. 彩色浮雕

"彩色浮雕"视频特效可以在画面中产生浮雕效果，但并不压抑画面的初始色彩。图 4-275 为源素材，图 4-276 为应用"彩色浮雕"视频特效后的效果。

图4-275　源素材　　　　　　图4-276　应用"彩色浮雕"视频特效后的效果

4. 招贴画

"招贴画"视频特效可以在画面上产生色彩变化，从而产生招贴画效果。图 4-277 为源素材，图 4-278 为应用"招贴画"视频特效后的效果。

图4-277　源素材　　　　　　　　图4-278　应用"招贴画"视频特效后的效果

5. 曝光过度

"曝光过度"视频特效可以将画面处理成冲洗底片时的效果。图 4-279 为源素材，图 4-280 为应用"曝光过度"视频特效后的效果。

图4-279　源素材　　　　　　　　图4-280　应用"曝光过度"视频特效后的效果

6. 查找边缘

"查找边缘"视频特效可以强化画面中的过渡像素来形成彩色线条，从而产生铅笔勾画效果。图 4-281 为源素材，图 4-282 为应用"查找边缘"视频特效后的效果。

图4-281　源素材　　　　　　　　图4-282　应用"查找边缘"视频特效后的效果

7. 浮雕

"浮雕"视频特效可以在画面中产生单色浮雕效果。图 4-283 为源素材，图 4-284 为应用"浮雕"视频特效后的效果。

图4-283　源素材　　　　　　　　　图4-284　应用"浮雕"视频特效后的效果

8. 画笔描绘

"画笔描绘"视频特效可以为画面添加一个粗略的着色效果，另外通过设置该特效笔触的长短和密度还可以制作出油画风格的效果。图 4-285 为源素材，图 4-286 为应用"画笔描绘"视频特效后的效果。

图4-285　源素材　　　　　　　　　图4-286　应用"画笔描绘"视频特效后的效果

9. 纹理材质

"纹理材质"视频特效可以使画面看起来具有其他素材画面的纹理效果。图 4-287 为源素材，图 4-288 为应用"纹理材质"视频特效后的效果。

图4-287　源素材　　　　　　　　　图4-288　应用"纹理材质"视频特效后的效果

10. 边缘粗糙

"边缘粗糙"视频特效可以使画面边缘呈现出一种粗糙化的效果，该效果类似于腐蚀而成的纹理或溶解效果。图 4-289 为源素材，图 4-290 为应用"边缘粗糙"视频特效后的效果。

图4-289 源素材

图4-290 应用"边缘粗糙"视频特效后的效果

11. 闪光灯

"闪光灯"视频特效可以使画面模拟出频闪或闪光灯的效果。图 4-291 为源素材，图 4-292 为应用"闪光灯"视频特效后的效果。

图4-291 源素材

图4-292 应用"闪光灯"视频特效后的效果

12. 阈值

"阈值"视频特效可以通过调整"色阶"数值将画面转换为黑、白两种色彩。当"色阶"数值为 0 时，画面为白色；当"色阶"数值为 255 时，画面为黑色；通常取中间值。图 4-293 为源素材，图 4-294 为应用"阈值"视频特效后的效果。

图4-293 源素材

图4-294 应用"阈值"视频特效后的效果

13. 马赛克

"马赛克"视频特效可以将画面分成若干个小方格,其中每一个方格都用本格内所有颜色的平均色进行填充。图 4-295 为源素材,图 4-296 为应用"马赛克"视频特效的效果。

图4-295　源素材

图4-296　应用"马赛克"视频特效的效果

4.3　实例讲解

本节将通过"制作变色的汽车效果"、"制作水中倒影效果 1"、"制作水中倒影效果 2"、"制作水墨画效果"和"制作逐一翻开的画面效果"5 个实例来讲解 Premiere Pro CS4 的视频特效在实践中的应用。

4.3.1　制作变色的汽车效果

要点

本例将制作不断变色的汽车效果,如图4-297所示。通过本例的学习,读者应掌握利用"色彩平衡(HLS)"进行校色和添加默认"交叉叠化"视频过渡效果的方法。

图4-297　变色的汽车效果

操作步骤

1. 制作汽车的变色效果

① 启动 Premiere Pro CS4,然后单击"新建项目"按钮,新建一个名称为"变色的汽车效果"的项目,编辑模式为标准 48 kHz 的 DV-PAL 制的项目文件。

② 导入素材。方法:执行菜单中的"文件|导入"命令,然后在弹出的"导入"对话框中选择配套光盘中的"素材及结果\第 4 章　视频特效的应用\4.3.1制作变色的汽车效果\汽车001.jpg"文件,如图 4-298 所示。单击"打开"按钮,即可将该素材导入到"项目"面板中,此时"项目"面板如图 4-299 所示。

图4-298 底片效果

图4-299 "项目"面板

③ 设置"汽车.jpg"图片的持续时间长度为 2 s。方法：右击"项目"面板中"汽车.jpg"素材，从弹出的快捷菜单中选择"速度/持续时间"命令，接着在弹出的"素材速度/持续时间"对话框中设置"持续时间"为 00:00:02:00，如图 4-300 所示，单击"确定"按钮。

④ 将"项目"面板中的"汽车.jpg"素材拖入"时间线"面板的"视频 1"轨道中，入点为 00:00:00:00，如图 4-301 所示，效果如图 4-302 所示。

图4-300 设置"持续时间"

图4-301 将"汽车.jpg"素材拖入"视频2"轨道中

图4-302 源素材的显示效果

⑤ 此时"汽车.jpg"素材尺寸过大，下面调整该素材的大小。方法：选择"视频 1"轨道上的"汽车.jpg"素材，然后在"特效控制台"面板中展开"运动"参数，将"缩放比例"设置为 50.0，效果如图 4-303 所示。

⑥ 选中"视频 1"轨道，使其高亮显示，然后选中时间线中的"汽车.jpg"素材，按快捷键〈Ctrl+C〉进行复制，接着按键盘上的〈End〉键，切换到"汽车.jpg"的结束处，再按快捷键快捷键〈Ctrl+V〉进行粘贴，此时"时间线"面板分布如图 4-304 所示。

图4-303　调整素材大小

图4-304　粘贴素材后的"时间线"面板分布

⑦　同理，再粘贴两次"汽车.jpg"素材，此时"视频 1"轨道有 4 段素材，每段 2 s，时间
总长度为 8 s，如图 4-305 所示。

图4-305　时间线分布

提示

再次从"项目"面板中拖入素材，也能得到相同的结果。

⑧ 在"效果"面板中展开"视频特效"文件夹，然后选择"色彩校正"中的"色彩平衡 (HLS)"特效，如图 4-306 所示。接着将其分别拖入"时间线"面板中"视频 1"轨道的第 2~4 段素材上，如图 4-307 所示。

图 4-306 选择"色彩平衡 (HLS)"特效　图 4-307 分别给第 2~4 段素材添加"色彩平衡 (HLS)"特效

⑨ 将"视频 1"中的第 2 段素材中的汽车颜色调整为蓝色。方法：选中"视频 1"轨道中第 2 段"汽车.jpg"素材，然后在"特效控制台"面板中展开"色彩平衡 (HLS)"特效的参数，将"色相"设置为 210.0°，效果如图 4-308 所示。

图4-308 将"色相"设置为210.0°

⑩ 将"视频 1"中的第 3 段素材中的汽车颜色调整为红色。方法：选中"视频 1"轨道中第 3 段"汽车.jpg"素材，然后在"特效控制台"面板中展开"色彩平衡 (HLS)"特效的参数，将"色相"设置为 330.0°，效果如图 4-309 所示。

⑪ 将"视频 1"中的第 4 段素材中的汽车颜色调整为黄色。方法：选中"视频 1"轨道中第 4 段"汽车.jpg"素材，然后在"特效控制台"面板中展开"色彩平衡 (HLS)"特效的参数，将"色相"设置为 30.0°，效果如图 4-310 所示。

图4-309　将"色相"设置为330.0°

图4-310　将"色相"设置为30.0°

2. 在素材间添加视频过渡

① 选中"视频1"轨道，使其高亮显示，然后按键盘上的〈Page Up〉或〈Page Down〉键，将时间线分别定位在4段素材的相交处，接着按快捷键〈Ctrl+D〉，添加默认的"交叉叠化"视频过渡，如图4-311所示。

图4-311　添加默认的"交叉叠化"视频过渡

② 至此，整个变色的汽车效果制作完毕，下面执行菜单中的"文件|导出|媒体"命令，将其输出为"变色的汽车效果 .avi"文件。

4.3.2 制作水中倒影效果 1

 要点

本例将制作古建筑金字塔的水中倒影效果，如图 4-312 所示。通过本例的学习，读者应掌握"镜像"特效、"裁剪"特效、"光照效果"特效、"弯曲"特效和"摄像机模糊"特效的综合应用。

图4-312 水中倒影效果

操作步骤

1. 制作建筑的倒影效果

① 启动 Premiere Pro CS4，然后单击"新建项目"按钮，新建一个名称为"金字塔的水中倒影效果"的项目，编辑模式为标准 48 kHz 的 DV-PAL 制的项目文件。

② 导入图片素材。方法：执行菜单中的"文件|导入"（快捷键〈Ctrl+I〉）命令，导入配套光盘中的"素材及结果\第4章 视频特效的应用\4.3.2 制作水中倒影效果 1\建筑 .jpg"和"水面.jpg"文件，如图 4-313 所示。

图4-313 "项目"面板

③ 将"项目"面板中的"建筑.jpg"素材拖入"时间线"面板的"视频 1"轨道中，入点为 00:00:00:00，如图 4-314 所示，效果如图 4-315 所示。

图4-314 将"建筑.jpg"素材拖入"视频1"轨道中

图4-315 "建筑.jpg"素材的显示效果

④　制作建筑的倒影效果。方法：在"效果"面板中展开"视频特效"文件夹，然后选择"扭曲"中的"镜像"特效，如图4-316所示。接着将其拖入"时间线"面板中的"视频1"轨道中的"金字塔.jpg"素材上。最后进入"特效控制台"面板，调整"镜像"特效的参数，如图4-317所示。

图4-316　选择"镜像"特效　　　　图4-317　调整"镜像"特效参数后的的显示效果

⑤　为了使建筑与后面的水面能够更好地融合在一起，下面对"建筑.jpg"素材进行模糊处理。方法：在"效果"面板中展开"视频特效"文件夹，然后选择"模糊与锐化"中的"摄像机模糊"特效，如图4-318所示。接着将其拖入"时间线"面板中的"视频1"轨道中的"建筑.jpg"素材上。最后进入"特效控制台"面板，调整"摄像机模糊"特效的参数，如图4-319所示。

图4-318　选择"摄像机模糊"特效　　　图4-319　调整"摄像机模糊"特效参数后的的显示效果

2. 制作动态的水面效果

①　将"项目"面板中的"水面.jpg"素材拖入"时间线"面板的"视频2"轨道中，入点为00:00:00:00，如图4-320所示，效果如图4-321所示。

图4-320 将"水面.jpg"素材拖入"视频2"轨道中　　图4-321 "水面.jpg"素材的显示效果

② 裁剪出水面区域。方法：在"效果"面板中展开"视频特效"文件夹，然后选择"变换"中的"裁剪"特效，如图4-322所示。接着将其拖入"时间线"面板中的"视频2"轨道中的"水面.jpg"素材上。最后进入"特效控制台"面板，调整"裁剪"特效的参数，如图4-323所示。

图4-322 选择"裁剪"特效

图4-323 调整"裁剪"特效参数后的的显示效果

③ 制作水面半透明效果。方法：展开"透明度"选项，将"透明度"的数值设置为75%，如图4-324所示。

图4-324 将"透明度"的数值设置为75%的效果

④　制作水面上的光线反射效果。方法：在"效果"面板中展开"视频特效"文件夹，然后选择"调整"中的"照明效果"特效，如图 4-325 所示。接着将其拖入"时间线"面板中的"视频 2"轨道中的"水面 .jpg"素材上。最后进入"特效控制台"面板，调整"照明效果"特效的参数，如图 4-326 所示。

图4-325　选择"照明效果"特效　　　　图4-326　调整"照明效果"特效参数后的的显示效果

⑤　制作水面上的动态波纹效果。方法：在"效果"面板中展开"视频特效"文件夹，然后选择"扭曲"中的"弯曲"特效，如图 4-327 所示。接着将其拖入"时间线"面板中的"视频 2"轨道中的"水面 .jpg"素材上。最后进入"特效控制台"面板，调整"弯曲"特效的参数，如图 4-328 所示。

图4-327　选择"弯曲"特效　　　　图4-328　调整"弯曲"特效参数后的的显示效果

⑥　此时水面的位置不是很准确，而且水面区域过小，下面在特效控制台"面板中调整"水面.jpg"素材的"位置"和"缩放比例"参数，如图 4-329 所示即可。

⑦　至此，整个水中倒影效果制作完毕，下面执行菜单中的"文件|导出|媒体"命令，将其输出为"水中倒影效果 1.avi"文件。

图4-329 调整"水面.jpg"素材的"位置"和"缩放比例"参数后的效果

4.3.3 制作水中倒影效果2

要点

　　本例将制作文字动态的水中倒影效果，如图4-330所示。通过本例的学习，读者应掌握Photoshop中的图层在Premiere Pro CS4中的应用，以及利用"波形弯曲"特效制作水波荡漾动画的方法。

图4-330 动态水中倒影效果

操作步骤

1. 编辑图片素材

　　① 启动Photshop CS4软件，然后执行菜单中的"文件|打开"命令，打开配套光盘中的"素材及结果\第4章 视频特效的应用\4.3.3 制作水中倒影效果2\背景.jpg"文件，如图4-331所示。

图4-331 "背景.jpg"图片

② 输入文字。方法：选择工具箱中的 **T** （横排文字工具），然后在图片中输入文字"水中倒影"，字体为"隶书"，字号为 100，效果如图 4-332 所示。

图4-332　输入文字"水中倒影"

③ 制作倒影文字效果。方法：在"图层"面板中选择"水中倒影"层，然后将其拖到图层面板下方的 ▫ （创建新图层）按钮上，从而产生一个名称为"水中倒影 副本"图层，如图 4-333 所示。接着选择复制后的图层，执行菜单中的"编辑｜变换｜垂直翻转"命令，将其垂直翻转。最后利用工具箱中的 ▸⊹ （移动工具）将翻转后的文字向下移动，放置到图片中水的位置，如图 4-334 所示。

图4-333　复制出"水中倒影 副本"图层　　　　图4-334　将文字垂直翻转并调整位置后的效果

④ 制作倒影文字的半透明效果。方法：在"图层"面板中选择"水中倒影"层，然后单击图层面板下方的 ▫ （添加图层蒙版）按钮，给该层添加一个蒙版，如图 4-335 所示。接着选择工具箱中的 ▪ （渐变工具），设置渐变方式为"黑－白线性渐变"，再对蒙版从上到下进行填充，效果如图 4-336 所示。

图4-335　给"水中倒影"层添加图层蒙版　　　　图4-336　对蒙版进行处理后的效果

⑤ 将图片中水面单独分离出来。方法：选择"背景"层，然后利用工具箱中的 选取图片中的水面部分，如图 4-337 所示。接着执行菜单中的"编辑 | 复制"命令，进行复制，最后执行菜单中的"编辑 | 粘贴"命令，进行粘贴。此时会产生一个名称为"图层 1"的图层，如图 4-338 所示。

图4-337　选取图片中的水面部分　　　　图4-338　将水面部分单独复制出来

⑥ 为了便于在 Premiere 中制作倒影文字和水面一起进行波动的效果，下面进行图层合并。方法：将"图层 1"移动到"水中倒影"层的上方，如图 4-339 所示。然后选择"水中倒影 副本"层，单击图层面板右上角的 ■ 按钮，从弹出的快捷菜单中选择"向下合并"命令，如图 4-340 所示，结果如图 4-341 所示。

⑦ 执行菜单中的"文件 | 存储为"命令，将文件保存为"背景.psd"文件。

图4-339　调整图层顺序　　　　图4-340　选择"向下合并"命令　　　　图4-341　图层分布

2. 制作动态水波效果

① 启动 Premiere Pro CS4，然后单击"新建项目"按钮，新建一个名称为"制作水中倒影效果 2"，编辑模式为标准 48KHZ 的 DV-PAL 制的项目文件。

② 导入图片素材。方法：执行菜单中的"文件 | 导入"（快捷键〈Ctrl+I〉）命令，然后

在弹出的"导入"对话框中选择配套光盘中的"素材及结果\4.3.3制作水中倒影效果2\背景.psd"文件,如图4-342所示,单击"打开"按钮。接着在弹出的"导入分层文件:背景"对话框中设置参数如图4-343所示,单击"确定"按钮,即可将"背景.psd"文件分层导入到"项目"面板中,如图4-344所示。

③ 将素材放入时间线。方法:将"项目"面板中的"背景/背景.psd"、"图层1/背景.psd"和"水中倒影/背景.psd"素材分别拖入"时间线"面板的"视频1"、"视频2"和"视频3"轨道中,入点均为00:00:00:00,此时"时间线"面板如图4-345所示。

图4-342　选择"背景.psd"文件

图4-343　"导入分层文件:背景"对话框

图4-344　"项目"面板

图4-345　将素材放入"时间线"面板

④ 制作动态水中倒影效果。方法:在"效果"面板中展开"视频特效"文件夹,然后选择"扭曲"中的"波形弯曲"特效,如图4-346所示。接着将其拖入"时间线"面板中的"视频2"轨道中的"图层1/背景.psd"素材上。最后进入"特效控制台"面板设置"水波弯曲"的参数,如图4-347所示,效果如图4-348所示。

⑤ 至此,整个动态水中倒影效果制作完毕,下面执行菜单中的"文件|导出|媒体"命令,将其输出为"水中倒影效果2.avi"文件。

图4-346　选择"波形弯曲"特效　图4-347　设置"波形弯曲"的参数　图4-348　设置"波形弯曲"特效
的参数后的效果

4.3.4　制作水墨画效果

 要点

　　本例将制作水墨画效果，如图 4-349 所示。通过本例的学习，读者应掌握创建"彩色
蒙板"以及"黑白"特效、"查找边缘"特效、"自动对比度"特效、"高斯模糊"特效和"亮
度键"特效的综合应用。

原图　　　　　　　　　　　　　　　　结果图

图4-349　水墨画效果

 操作步骤

1. 将画面处理为水墨效果

　　① 启动 Premiere Pro CS4，然后单击"新建项目"按钮，
新建一个名称为"水墨画效果"的项目，编辑模式为标准 48 kHz
的 DV-PAL 制的项目文件。

　　② 导入图片素材。方法：执行菜单中的"文件|导入"（快
捷键〈Ctrl+I〉）命令，导入配套光盘中的"素材及结果\第 4 章
视频特效的应用\4.3.4　制作水墨画效果\风景图片.jpg"和"题
词.tif"文件，如图 4-350 所示。

　　③ 将"项目"面板中的"风景图片.jpg"拖入"时间线"面

图4-350　"项目"面板

板的"视频 2"轨道中，入点为 00:00:00:00，如图 4-351 所示，效果如图 4-352 所示。

④ 将彩色图片处理为黑白图片。方法：在"效果"面板中展开"视频特效"文件夹，然后选择"图像控制"中的"黑白"特效，如图 4-353 所示。接着将其插入"时间线"面板中的"视频 2"轨道中的"风景图片.jpg"素材上，效果如图 4-354 所示。

图4-351 "时间线"面板

图4-352 画面效果

图4-353 选择"黑白"

图4-354 添加"黑白"特效后的显示效果

⑤ 制作边缘效果。方法：在"效果"面板中展开"视频特效"文件夹，然后选择"风格化"中的"查找边缘"特效，如图 4-355 所示。接着将其拖入"时间线"面板中的"视频 2"轨道中的"风景图片.jpg"素材上。最后在"特效控制台"面板中设置参数，如图 4-356 所示。

⑥ 增加图像的对比度。方法：在"效果"面板中展开"视频特效"文件夹，然后选择"调整"中的"自动对比度"特效，如图 4-357 所示。接着将其拖入"时间线"面板中的"视频 2"轨道中的"风景图片.jpg"素材上。最后在"特效控制台"面板中设置参数，如图 4-358 所示。

图4-355 选择"查找边缘"

图4-356 设置"查找边缘"特效后的的显示效果

图4-357 选择"自动对比度"

图4-358 设置"自动对比度"特效后的效果

⑦ 制作画面的模糊效果。在"效果"面板中展开"视频特效"文件夹，然后选择"模糊与锐化"中的"高斯模糊"特效，如图 4-359 所示。接着将其拖入"时间线"面板中的"视频 2"轨道中的"风景图片.jpg"素材上。接着在"特效控制台"面板中设置参数，如图 4-360 所示。

图4-359 选择"高斯模糊"

图4-360 设置"高斯模糊"特效后的效果

2. 添加题词

① 将"项目"面板中的"题词.tif"拖入"时间线"面板的"视频 3"轨道中，入点为 00：00:00:00，如图 4-361 所示。

图4-361 将"题词.tif"拖入"时间线"面板的"视频3"轨道中

②调整"题词.tif"素材的位置。方法：选择"视频3"轨道中的"题词.tif"素材，然后在"特效控制台"面板中设置"位置"坐标为(580.0,120.0)，如图4-362所示，效果如图4-363所示。

图4-362 设置"位置"坐标为(580.0,120.0)

图4-363 设置"位置"坐标后的效果

③此时题词的背景为白色，没有也水墨画进行很好的融合，下面将白色背景进行去除。方法：在"效果"面板中展开"视频特效"文件夹，然后选择"键控"中的"亮度键"特效，如图4-364所示。接着将其拖入"时间线"面板中的"视频2"轨道中的"题词.tif"素材上。最后在"特效控制台"面板中设置"亮度键"特效的参数，如图4-365所示。

图4-364 选择"亮度键"

图4-365 设置"亮度键"特效参数后的效果

3. 添加装裱画面

① 制作背景。方法：单击"项目"面板下方的 🔲（新建分项）按钮，然后从弹出的快捷菜单中选择"彩色蒙板"命令，如图 4-366 所示。接着在弹出的"新建彩色蒙板"对话框中保持默认参数，如图 4-367 所示，单击"确定"按钮。再在弹出的"颜色拾取"对话框中设置一种蓝色（RGB 为(190,190,165)），如图 4-368 所示，单击"确定"按钮。最后在弹出的"选择名称"对话框中保持默认参数，如图 4-369 所示，单击"确定"按钮，即可完成蓝色背景的创建，此时"项目"面板如图 4-370 所示。

图4-366 选择"彩色蒙板"命令

图4-367 "新建彩色蒙板"对话框

图4-368 设置颜色

图4-369 保持默认参数

图4-370 "项目"面板

② 将"项目"面板中的"彩色蒙板"素材拖入"时间线"面板的"视频1"轨道中，入点为 00:00:00:00，如图 4-371 所示。

图4-371 将"彩色蒙板"拖入"时间线"面板的"视频1"轨道中

③　此时看不到背景效果,这是因为"风景图片.tif"素材将彩色蒙板遮挡住了。下面选中"视频 2"轨道上的"风景图片.tif"素材,然后在"特效控制台"面板中取消选中"等比缩放"复选框,再将"缩放高度"设置为 80.0,如图 4-372 所示即可。

图4-372　将"风景图片.tif"素材"缩放高度"设置为"80.0"后的效果

④　至此,整个水墨画效果制作完毕,下面执行菜单中的"文件|导出|媒体"命令,将其输出为"水墨画效果.tga"文件。

4.3.5　制作逐一翻开的画面效果

要点

本例将制作多幅画面逐个出现,然后再逐一翻开的效果,如图4-373所示。通过本例的学习,读者应掌握改变素材长度的方法,以及"边角固定"视频特效、添加字幕和透明度的综合应用。

图4-373　逐一翻开的画面效果

🖌 **操作步骤**

1. 编辑素材图片

① 启动 Premiere Pro CS4，然后单击"新建项目"按钮，新建一个名称为"逐一翻开的画面效果"，编辑模式为标准 48 kHz 的 DV-PAL 制的项目文件。

② 导入图片素材。方法：执行菜单中的"文件 | 导入"（快捷键〈Ctrl+I〉）命令，导入配套光盘中的"素材及结果 \ 第 4 章 视频特效的应用 \4.3.5 制作逐一翻开的画面效果 \ 风景1.jpg"、"风景 2.jpg"、"风景 3.jpg"、"风景 4.jpg"和"风景 5.jpg"文件，此时"项目"面板如图 4-374 所示。

③ 设置"风景 1.jpg"图片的持续时间长度为 18 s。方法：右击"项目"面板中"风景 1.jpg"素材，从弹出的快捷菜单中选择"速度 / 持续时间"命令，接着在弹出的"素材速度 / 持续时间"对话框中设置"持续时间"为 00：00：18：00，如图 4-375 所示，单击"确定"按钮。

图4-374 "项目"面板

图4-375 设置"风景1.jpg"的持续时间

④ 同理，在"项目"面板中将"风景 2.jpg"素材的持续时间设置为 15 s，将"风景 3.jpg"素材的持续时间设置为 12 s，将"风景 4.jpg"素材的持续时间设置为 9 s，将"风景 5.jpg"素材的持续时间设置为 6 s。

⑤ 添加 3 条视频轨道。方法：在"时间线"面板左侧的轨道中右击，从弹出的快捷菜单中选择"添加轨道"命令，如图 4-376 所示。然后在弹出的"添加视音频"对话框中设置参数，如图 4-377 所示。单击"确定"按钮，即可添加 3 条视频轨道，如图 4-378 所示。

图4-376 选择"添加轨道"命令

图4-377 "添加视音频"对话框

图4-378 添加3条视频轨道的"时间线"面板

⑥ 将"项目"面板中的"风景1.jpg"素材拖入"时间线"面板的"视频1"轨道中,入点为00:00:00:00。然后将"风景2.jpg"素材拖入"视频2"轨道中,使之出点为00:00:18:00(即与"视频1"轨道的"风景1.jpg"素材结尾处对齐)。同理,依次将"风景3.jpg"、"风景4.jpg"和"风景5.jpg"素材拖入"视频3"、"视频4"和"视频5"轨道中,并将它们的出点均设置为00:00:18:00,此时"时间线"面板如图4-379所示。

图4-379 "时间线"面板

2. 制作画面翻开和缩放效果

① 给"风景1.jpg"~"风景4.jpg"素材添加"边角固定"特效。方法:在"效果"面板中展开"视频特效"文件夹,然后选择"扭曲"中的"边角固定"特效,如图4-380所示。接着分别将其拖入"时间线"面板中的"风景1.jpg"~"风景4.jpg"素材上。

② 制作"风景1.jpg"素材的翻开动画。方法:选择"视频1"轨道中的"风景1.jpg"素材,然后在"特效控制台"面板中单击右上角的 (显示/隐藏时间线)按钮(单击后变为 按钮),显示出时间线控制区。接着将时间滑块移动到00:00:00:00处,单击"右上"和"右下"前的 按钮,在此处添加关键帧,此时按钮变为 状态,如

图4-380 "效果"面板

图4-381所示。接着将时间滑块移动到00:00:02:00的位置,将"右上"的坐标改为(180.0,142.0),将"右下"的坐标改为(180.0,432.0),如图4-382所示。

图4-381 在00:00:00:00处添加"右上"和"右下"的关键帧

图4-382 在00:00:02:00处调整"右上"和"右下"的坐标

③ 此时在"节目"面板中单击▶按钮,即可看到在00:00:00:00~00:00:02:00间"风景1.jpg"的画面翻开效果,如图4-383所示。

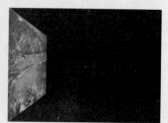

图4-383 "风景1.jpg"的画面翻开效果

④ 制作"风景 2.jpg"素材的翻开动画。方法：选择"视频 2"轨道中的"风景 2.jpg"素材，然后在"特效控制台"面板中将时间滑块移动到 00:00:03:00 处，单击"左上"和"左下"前的 ⌾ 按钮，在此处添加关键帧，如图 4-384 所示。接着将时间滑块移动到 00:00:05:00 的位置，将"左上"的坐标改为 (540.0,142.0)，将"左下"的坐标改为 (540.0,432.0)，如图 4-385 所示。

图 4-384　在 00:00:03:00 处添加"左上"和"左下"的关键帧

图 4-385　在 00:00:05:00 处调整"右上"和"右下"的坐标

⑤ 此时在"节目"面板中单击 ▶ 按钮，即可看到在 00:00:03:00~00:00:05:00 间"风景 2.jpg"的画面翻开效果，如图 4-386 所示。

图4-386　"风景2.jpg"的画面翻开效果

⑥ 制作"风景 3.jpg"素材的翻开动画。方法：选择"视频 3"轨道中的"风景 3.jpg"素材，然后在"特效控制台"面板中将时间滑块移动到 00:00:06:00 处，单击"左上"和"左下"前的 ⊙ 按钮，在此处添加关键帧，如图 4-387 所示。接着将时间滑块移动到 00:00:08:00 的位置，将"左下"的坐标改为 (180.0,142.0)，将"右下"的坐标改为 (540.0,142.0)，如图 4-388 所示。

图4-387　在00:00:06:00处添加"左下"和"右下"的关键帧

图4-388　在00:00:08:00处调整"左下"和"右下"的坐标

⑦ 此时在"节目"面板中单击 ▶ 按钮，即可看到在 00:00:06:00~00:00:08:00 间"风景 3.jpg"的画面翻开效果，如图 4-389 所示。

图4-389　"风景3.jpg"的画面翻开效果

⑧ 制作"风景 4.jpg"素材的翻开动画。方法：选择"视频 4"轨道中的"风景 4.jpg"素材，然后在"特效控制台"面板中将时间滑块移动到 00：00：09：00 处，单击"左上"和"左下"前的 按钮，在此处添加关键帧，如图 4-390 所示。接着将时间滑块移动到 00：00：11：00 的位置，将"左上"的坐标改为 (180.0，432.0)，将"右上"的坐标改为 (540.0，432.0)，如图 4-391 所示。

图4-390　在00：00：09：00处添加"左上"和"右上"的关键帧

图4-391　在00：00：11：00处调整"左上"和"右上"的坐标

⑨ 此时在"节目"面板中单击 按钮，即可看到在 00：00：09：00～00：00：11：00 间"风景 4.jpg"的画面翻开效果，如图 4-392 所示。

图4-392　"风景4.jpg"的画面翻开效果

⑩ 制作"风景 5.jpg"素材的缩放动画。方法：选择"视频 5"轨道中的"风景 5.jpg"素材，然后在"特效控制台"面板中将时间滑块移动到 00:00:12:00 处，单击"缩放比例"前的 ⊙ 按钮，在此处添加关键帧，如图 4-393 所示。接着将时间滑块移动到 00:00:14:00 的位置，将"缩放比例"的数值设置为 50.0，如图 4-394 所示。

图4-393　在00:00:12:00处添加"缩放比例"的关键帧

图4-394　在00:00:14:00处将"缩放比例"的数值设置为50.0

⑪ 此时在"节目"面板中单击 ▶ 按钮，即可看到在 00:00:12:00～00:00:14:00 间 "风景 5.jpg"的画面翻开效果，如图 4-395 所示。

图4-395　"风景5.jpg"的画面缩放效果

3. 添加字幕的动画效果

① 单击"项目"面板下方的 ⬚（新建分项）按钮，从弹出的快捷菜单中选择"字幕"命令，然后在弹出的"新建字幕"对话框中设置参数，如图 4−396 所示。单击"确定"按钮，进入"文字"字幕的设计窗口，如图 4−397 所示 。

图4−396　"新建字幕"对话框

图4−397　"文字"字幕设计窗口

② 输入文字。方法：选择"字幕工具"面板中的 🆃（文字工具），然后在"字幕面板"编辑窗口中输入"自然风光"4 个字，接着在"字幕属性"面板中设置"字体"为 HYDaHeiJ、"字体大小"为 80.0。再将"填充"区域下的"色彩"设置为白色，并设置相应的"内侧边"和"外侧边"。最后在"字幕动作"面板中单击 ⬚ 和 ⬚ 按钮，将文字居中对齐，效果如图 4−398 所示。

图4−398　输入文字

③ 单击字幕设计窗口右上角的▣按钮，关闭字幕设计窗口，此时创建的"文字"字幕会自动添加到"项目"面板中，如图 4-399 所示。

④ 设置"文字"字幕的持续时间为 4s。方法：右击项目窗口中的"文字"，然后从弹出的快捷菜单中选择"速度/持续时间"命令，接着在弹出的"素材速度/持续时间"对话框中输入 00:00:04:00，如图 4-400 所示，单击"确定"按钮。

图4-399 "项目"面板

图4-400 设置"文字"字幕的持续时间

⑤ 从"项目"面板中将制作好的"文字"字幕素材拖入"时间线"面板的"视频 6"中，并将出点设为与其他视频轨对齐，如图 4-401 所示。

图4-401 "时间线"面板

⑥ 制作字幕的淡入和缩放效果。方法：选择"时间线"面板中的"文字"字幕素材，然后进入"特效控制台"面板，将时间线移动到 00:00:14:00 的位置，分别单击"缩放比例"和"透明度"选项前面的◎按钮，添加关键帧，并将"缩放比例"的数值设置为 600.0，将"透明度"的数值设置为 0.0%，如图 4-402 所示。接着将时间滑快移动到 00:00:17:00 位置，然后将"缩放比例"的数值设置 100.0，将"透明度"的数值设置为 100.0%，如图 4-403 所示。

⑦ 此时在"节目"面板中单击▶按钮，即可看到在 00:00:14:00~00:00:17:00 间文字的淡入和缩放效果，如图 4-404 所示。

图4-402 在00:00:14:00的位置添加"缩放比例"和"透明度"关键帧

图4-403 在00:00:17:00的位置添加"缩放比例"和"透明度"关键帧

图4-404 文字的淡入和缩放效果

⑧ 至此，整个逐一翻开的画面效果制作完毕，下面执行菜单中的"文件|导出|媒体"命令，将其输出为"逐一翻开的画面效果.avi"文件。

课 后 练 习

1. 填空题

（1）利用_____视频特效可以在画面上产生类似闪电或电火花的光电效果；利用_____视频特效可以模拟出镜头光斑的效果。

（2）利用_____视频特效可以去除画面中的蓝色部分；利用_____视频特效可以同时去除画面中的蓝色和绿色背景。

2. 选择题

（1）使用下列（　　）视频特效可以制作出图 4-405 所示的波浪效果。

A．水波　　　　　　B．波纹（圆形）　　　　　　C．滚动　　　　　　D．噪波

（2）使用下列（　　）视频特效可以制作出图 4-406 所示的倒角效果。

A．9　　　　　　　　B．10　　　　　　　　　　C．11　　　　　　　D．12

　　　　图4-405　波浪效果　　　　　　　　　　　　　图4-406　倒角效果

3. 问答题 / 上机题

（1）简述添加视频特效的方法。

（2）利用配套光盘中的"课后练习\第 4 章\练习 1"中的相关素材制作图 4-407 所示的变色的汽车效果。

图4-407　练习1的效果

（3）利用配套光盘中的"课后练习\第 4 章\练习 2"中的相关素材制作图 4-408 所示的多层切换效果效果。

图4-408　练习2的效果

第5章
运动效果的应用

对素材进行运动和透明度的编辑设置，可以使编辑的画面看起来更加流畅，富有动感。通过本章学习，读者应掌握以下内容：

- 掌握添加运动效果的方法；
- 掌握添加透明效果的方法。

5.1 添加运动效果

运动是多媒体设计的灵魂，灵活运用动画效果，可以使得视频作品更加丰富多彩。利用 Premiere Pro CS4 可以轻松地制作出位移、缩放、旋转等各种运动效果。将素材拖入"时间线"面板中，然后在"特效控制台"面板中展开"运动"项，此时可以看到"运动"项中的相关参数，如图 5-1 所示。

图5-1 "特效控制台"面板

- 位置：用于设置对象在屏幕中的位置坐标。
- 缩放比例：用于调节对象的缩放度。
- 缩放宽度：在未选中"等比例放"复选框的情况下可以设置对象的宽度。
- 旋转：用于设置对象在屏幕中的旋转角度。
- 定位点：用于设置对象的旋转或移动控制点。
- 抗闪烁过滤：用于消除食品中闪烁的对象。

5.1.1 使用关键帧

运动效果的实现离不开关键帧的设置。所谓关键帧是指在时间上的一个特定点，在该点上可以运用不同的效果。当在关键帧上运用不同特效时，Premiere Pro CS4 会自动对关键帧之间的部分进行插补运算，使其平滑过渡。下面就来讲解关键帧的相关操作。

1. 添加关键帧

如果要为影片剪辑的素材创建运动特效，便需要为其添加多个关键帧。添加关键帧的具体操作步骤如下：

① 在"时间线"面板中选择要编辑的素材（此时选择的是"风景1.jpg"），如图5-2所示。

图5-2　选择要编辑的素材

② 进入"特效控制台"面板，然后展开"运动"选项，再将移动时间滑块到要添加关键帧的位置，单击相关特性左侧的 按钮（这里选择的是"缩放比例"），此时相应的特性关键帧会被激活，显示为 状态，且在当前时间编辑线处将添加一个关键帧，如图 5-3 所示。

③ 移动当前时间编辑线到下一个要添加关键帧的位置，然后调整参数，此时软件会在当前编辑线处自动添加一个关键帧，如图 5-4 所示。

图5-3　添加一个关键帧

图5-4　自动添加一个关键帧

提示

在"特效控制台"面板中单击 （添加/移除关键帧）按钮，也可以手动添加一个关键帧。

2. 删除关键帧

删除关键帧的具体操作步骤如下：

① 选择要删除的关键帧，按键盘上的〈Delete〉键。

② 如果要删除某一特性所有的关键帧，可以单击相关特性左侧的 按钮，此时会弹出图 5-5 所示的"警告"对话框，单击"确定"按钮，则该属性上的所有关键帧将被删除。

图5-5　"警告"对话框

3. 移动关键帧

移动关键帧的具体操作步骤如下：

① 单击要选择的关键帧。

② 按住鼠标将关键帧拖动到适当位置即可。

4. 剪切与粘贴关键帧

剪切关键帧的具体操作步骤如下：

① 选择要剪切的关键帧，右击，从弹出的快捷菜单中选择"剪切"命令，如图 5-6 所示。

② 移动时间滑块到要粘贴关键帧的位置，如图 5-7 所示。然后右击，从弹出的菜单中选择"粘贴"命令（快捷键〈Ctrl+V〉），如图 5-8 所示。此时，剪切的关键帧将被粘贴到指定位置，如图 5-9 所示。

图5-6　选择"剪切"命令

图5-7　移动时间滑块到要粘贴关键帧的位置

图5-8　选择"粘贴"命令

图5-9　粘贴关键帧的效果

5. 复制与粘贴关键帧

在创建运动特效的过程中，如果多个素材中的关键帧具有相同的参数，则可利用复制和粘贴关键帧的方法来提高操作效率。复制与粘贴关键帧的具体操作步骤如下：

① 在"时间线"面板中选择要复制关键帧的素材（此时选择的是"风景 1.jpg"），然后在"特效控制台"面板中选择要复制的关键帧（此时选择的是两个关键帧），接着右击，从弹出的快捷菜单中选择"复制"命令，如图 5-10 所示。

② 在"时间线"面板中选择要粘贴关键帧的素材（此时选择的是"风景 2.jpg"），如图 5-11 所示。然后在"特效控制台"面板中将时间滑块移动到要粘贴关键帧的位置，接着右击，从弹出的菜单中选择"粘贴"命令，如图 5-12 所示。此时，剪切的关键帧将被粘贴到指定位置，如图 5-13 所示。

图5-10 选择"复制"命令

图5-11 选择要粘贴关键帧的素材

图5-12 选择"粘贴"命令

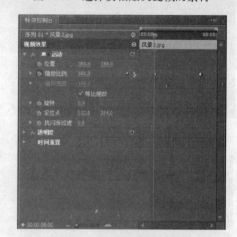

图5-13 粘贴关键帧的效果

5.1.2 运动效果的添加

运动是剪辑千变万化的灵魂所在。它可以实现多种特效，特别是对于静态图片，利用运动效果是其增色的有效途径。在 Premiere Pro CS4 中的运动效果可分为"位置"运动、"缩放比例"运动、"旋转"运动和"定位点"运动 4 种。下面就来具体说明一下。

1. "位置"运动效果

添加"位置"运动效果的具体操作步骤如下：

① 在"时间线"面板中选择要添加"位置"运动效果的素材（此时选择的是"风景 3.jpg"），如图 5-14 所示。

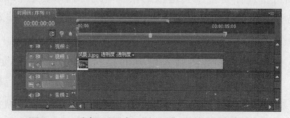

图5-14 选择要添加"位置"运动效果的素材

② 在"特效控制台"面板中展开"运动"选项，如图5-15所示。

如果"特效控制台"面板隐藏，可以执行菜单中的"窗口 | 特效控制台"命令，调出该面板。

图5-15 在"效果控制台"面板中展开"运动"选项

③ 将时间滑块移动到素材运动开始的位置（此时移动的位置为00:00:00:00），然后单击"位置"特性左侧的 按钮，此时"位置"特性的关键帧会被激活，显示为 状态，且在当前时间位置处添加一个关键帧。接着在"位置"右侧输入 X 和 Y 坐标数值，如图5-16所示。

图5-16 在00:00:00:00处调整"位置"参数

④ 将时间滑块移动到下一个要添加"位置"关键帧的位置（此时移动的位置为00:00:03:00），然后对位置再次进行调整，此时软件会自动添加一个关键帧，如图5-17所示。

图5-17 在00:00:03:00处调整"位置"参数

⑤ 单击"节目"面板中的▶按钮，即可看到素材从右往左运动的效果，如图5-18所示。

图5-18　素材从右往左运动的效果

2. "缩放比例"运动效果

利用"缩放比例"运动效果，可以制作出镜头推拉的效果。添加"缩放比例"运动效果的具体操作步骤如下：

① 在"时间线"面板中选择要添加"缩放比例"运动的素材（此时选择的是"风景4.jpg"），如图5-19所示。

图5-19　选择要添加"缩放比例"运动效果的素材

② 在"特效控制台"面板中展开"运动"选项，如图5-20所示。

图5-20　在"效果控制台"面板中展开"运动"选项

③ 将时间滑块移动到要设置素材第1个"缩放比例"关键帧的位置，然后单击"缩放比例"特性左侧的按钮，添加一个关键帧。接着在"缩放比例"右侧输入数值，如图5-21所示。

④ 将时间滑块移动到要设置第2个"缩放比例"关键帧的位置，然后在"缩放比例"右侧重新输入数值，此时软件会自动添加一个关键帧，如图5-22所示。

图5-21　在00:00:00:00处调整"缩放比例"参数

图5-22　在00:00:03:00处调整"缩放比例"参数

⑤ 单击"节目"面板中的 ► 按钮，即可看到素材从大变小的动画效果，如图 5-23 所示。

图5-23　素材从大变小的效果

3. "旋转"运动效果

利用"旋转"运动效果，可以制作出摇镜头的效果。添加"旋转"运动效果的具体操作步骤如下：

① 在"时间线"面板中选择要添加"旋转"运动的素材（此时选择的是"风景 5.jpg"），如图 5-24 所示。

② 在"特效控制台"面板中展开"运动"选项，如图 5-25 所示。

③ 将时间滑块移动到要设置素材第 1 个"旋转"关键帧的位置，然后单击"旋转"特性左侧的 按钮，添加一个关键帧。接着在"旋转"右侧输入数值，如图 5-26 所示。

图5-24 选择要添加"旋转"运动的素材

图5-25 展开"运动"选项

图5-26 在00:00:00:00处调整"旋转"参数

④ 将时间滑块移动到要设置第2个旋转关键帧的位置，然后在"旋转"右侧重新输入数值，此时会自动添加一个关键帧，如图5-27所示。

⑤ 单击"节目"面板中的▶按钮，即可看到素材的旋转动画效果，如图5-28所示。

图5-27 在00:00:03:00处调整"旋转"参数

图5-28 素材的旋转动画效果

4."定位点"运动效果

"定位点"就是对象的中心点，"定位点"的位置不同，旋转等效果也就不同。添加"定位点"运动效果的具体操作步骤如下：

① 在"时间线"面板中选择要添加"定位点"运动的素材（此时选择的是"风景6.jpg"），如图5-29所示。

图5-29 选择要添加"定位点"运动的素材

② 在"特效控制台"面板中展开"运动"选项，如图5-30所示。

图5-30 展开"运动"选项

③ 将时间滑块移动到要设置素材第1个"定位点"关键帧的位置，然后单击"定位点"特性左侧的 按钮，添加一个关键帧。然后在"定位点"右侧输入数值，如图5-31所示。

④ 将时间滑块移动到要设置第2个"定位点"关键帧的位置，然后在"定位点"右侧重新输入数值，此时软件会自动添加一个关键帧，如图5-32所示。

图5-31　在00:00:00:00处调整"旋转"参数

图5-32　在00:00:03:00处调整"旋转"参数

⑤ 单击"节目"面板中的 按钮，即可看到素材由于定位点的变化而产生的动画效果，如图5-33所示。

图5-33　素材的定位点动画效果

5.2　添加透明效果

制作影片时，降低素材的不透明度可以使素材画面呈现透明或半透明效果，从而利于各素材之间的混合处理。例如，在武侠影片中，大侠快速如飞的场面，实际上，演员只是在单色背景前做出类似动作，然后在实际的剪辑制作时将背景设置为透明，接着将这个片断叠加到天空背景片段上，以此来实现效果。此外还可以使用添加关键帧的方法，使素材产生淡入或淡出的效果。

在 Premiere Pro CS4 中可以通过"时间线"面板中的"显示透明控制"命令或者"特效控制台"来实现透明效果，下面就来进行具体讲解。

1. 显示透明控制

使用"显示透明控制"来实现透明效果的具体操作步骤如下：

① 在"时间线"面板选择要设置透明效果的素材（此时选择的是"风景 7.jpg"），然后单击轨道及其控制面板中的▧（显示关键帧）按钮，从弹出的快捷菜单中选择"显示透明控制"命令，如图 5-34 所示。

图5-34 选择"显示透明控制"命令

② 单击分别在"时间线"面板该素材的起点、终点和中间单击▧（添加-移除关键帧）按钮，各添加一个透明度关键帧，如图 5-35 所示。

图5-35 添加透明度关键帧

③ 利用"工具"面板中的▧（选择工具）向下移动起点和终点的透明度关键帧，如图 5-36 所示。

图5-36 添加透明度关键帧

④ 单击"节目"面板中的 ■ 按钮,即可看到素材的淡入淡出效果,如图5-37所示。

图5-37　素材的淡入淡出效果

2. 使用"特效控制台"面板

使用"特效控制台"面板来实现透明效果的具体操作步骤如下:

① 在"时间线"面板选择要设置透明效果的素材(此时选择的是"风景7.jpg")。

② 在"特效控制台"面板中展开"透明度"选项,然后将时间滑块移动到素材的起点位置,单击 ■ 按钮,添加一个透明度关键帧,然后设置输入数值,如图5-38所示。接着将时间滑块线移动素材的终点位置,单击 ■ 按钮,添加一个与起点透明度相同的关键帧,如图5-39所示。

图5-38　在素材的起始添加一个透明度关键帧

图5-39　在素材的终点添加一个透明度关键帧

③ 将时间滑块移动到00:00:02:10的位置,然后调整透明度的参数为100%,此时软件会在该处自动添加一个透明度关键帧,如图5-40所示。

图5-40　设置00;00;02;10处的透明度为100%

④ 单击"节目"面板中的 ▶ 按钮，即可看到素材的淡入淡出效果，如图 5-41 所示。

图5-41　素材的淡入淡出效果

⑤ 如果要取消透明效果，可以单击"透明度"前的 ■ 按钮，此时会弹出图 5-42 所示的"警告"对话框，单击"确定"按钮，即可将透明度关键帧删除。

⑥ 如果要重置参数，可以单击"透明度"后面的 ■ （重置）按钮，即可将当前关键帧的参数修改为默认参数。

图5-42　警告对话框

5.3　实例讲解

本节将通过"制作风景宣传动画效果"和"制作沿一定方向运动的图片效果"两个实例来讲解 Premiere Pro CS4 中的运动效果在实践中的应用。

5.3.1　制作风景宣传动画效果

 要点

本例将制作4幅风景图片逐一进入画面，然后同时翻转充满整个画面的效果，如图5-43所示。通过本例的学习，读者应掌握设置PAL制式的静止图片持续时间、复制粘贴关键帧，以及位置和旋转动画的制作方法。

图5-43　风景宣传动画效果

 操作步骤

1. 编辑图片素材

①　新建项目文件。方法：启动 Premiere Pro CS4，然后单击"新建项目"按钮，如图 5-44 所示。接着在弹出的"新建项目"对话框中输入"名称"为"制作风景宣传动画"，如图 5-45 所示，单击"确定"按钮。最后在弹出的"新建序列"对话框中选择"DV-PAL"文件夹中的"标准 48 kHz"，如图 5-46 所示，单击"确定"按钮。

图5-44　单击"新建"按钮

图5-45　输入"名称"为"制作风景宣传动画"

图5-46　选择"标准48 kHz"

② 设置静止图片默认持续时间为 6 s。方法：执行菜单中的"编辑 | 参数 | 常规"命令，在弹出的对话框中设置"静帧图像默认持续时间"为 150 帧，如图 5-47 所示。然后在"参数"对话框左侧选择"媒体"，再在右侧将"不确定的媒体时间基准"设置为 25.00 fps，如图 5-48 所示，单击"确定"按钮。

图5-47 设置"静帧图像默认持续时间"为150帧 　　图5-48 设置"不确定的媒体时间基准"为25.00 fps

③ 导入图片素材。方法：执行菜单中的"文件 | 导入"（快捷键〈Ctrl+I〉）命令，在弹出的对话框中选择配套光盘中的"素材及结果 \ 第 5 章运动效果的应用 \5.3.1 制作风景宣传动画 \春天素材.jpg"、"夏天素材.jpg"、"秋天素材.jpg"、"冬天素材.jpg"文件，如图 5-49 所示，单击"打开"按钮。此时"项目"面板中会显示出导入的相关素材，并在选中相关素材后，"项目"面板上方会显示出其相关信息，如图 5-50 所示。

图5-49 选择导入的图片　　　　　　　　图5-50 "项目"面板

2. 制作图片水平移动动画

① 将"项目"面板中的"春天素材.jpg"拖入"时间线"面板的"视频 1"轨道中，入点为 00:00:00:00，如图 5-51 所示，效果如图 5-52 所示。

图5-51 将"春天素材.jpg"拖入"视频1"轨道中　　　　图5-52　画面效果

② 将"春天素材.jpg"图片的大小缩小一半。方法：选择"时间线"面板中的"春天素材.jpg"素材，然后在"特效控制台"面板中单击"运动"左侧的小三角，展开"运动"参数，接着将"缩放比例"设为 50.0，如图 5-53 所示，效果如图 5-54 所示。

提示

单击 按钮，按钮变为 状态，此时可以显示出关键帧编辑线，以便查看关键帧相关信息；单击 按钮，按钮变为 状态，此时将隐藏关键帧编辑线；如果 按钮显示为灰色，表示窗口宽度不够，此时将"特效控制台"面板拉宽一些，该按钮就能正常使用了。

图5-53　将"缩放比例"设为50.0　　　　图5-54　将"缩放比例"设为50.0后的效果

③ 制作"春天素材.jpg"的水平移动动画。方法：将时间线滑块移动到 00:00:00:10 的位置，单击"位置"前的 按钮，该按钮会变为 ，表示设置了关键帧，然后设置参数如图 5-55 所示。接着将时间线滑块移动到 00:00:00:00 处，设置参数如图 5-56 所示，此时会在该处会自动添加一个关键帧。

提示

按住键盘上的<=>或<->键，可以对"时间线"面板中的关键帧编辑线进行放大或缩小显示。

图5-55　在00:00:00:10设置"位置"参数

图5-56　在00:00:00:00设置"位置"参数

④ 按下键盘上的〈Enter〉键，预览动画，即可看到"春天素材.jpg"图片由右往左运动到窗口中央的效果，如图5-57所示。

图5-57　"丛林.jpg"图片从右运动到窗口中央的效果

⑤ 将其他图片素材拖入"时间线"面板。方法：从"项目"面板中将"夏天素材.jpg"拖入"视频2"中，入点为00:00:00:10。然后从"项目"面板中将"秋天素材.jpg"拖入"视频3"轨道中，入点为00:00:00:20。接着将"冬天素材.jpg"拖到"视频3"轨道上方的空白处，此时会自动产生一个"视频4"轨道，最后将"冬天素材.jpg"的入点移动到00:00:01:05的位置，如图5-58所示。

图5-58　"时间线"面板

⑥ 通过复制粘贴关键帧的方式，制作"视频2"轨道中的"夏天素材.jpg"素材从由右往左运动到窗口中央的效果。方法：在"时间线"面板中选择"视频1"轨道中的"春天素材.jpg"素材。然后进入"特效控制台"面板，将时间滑块移动到00:00:00:00处，右击"运动"参数，接着从弹出的快捷菜单中选择"复制"（快捷键〈Ctrl+C〉）命令，如图5-59所示，复制"运动"参数。再选择"视频2"轨道中的"夏天素材.jpg"素材，进入"特效控制台"面板，最后将时间滑块定位在00:00:00:10处。右击"运动"参数，从弹出的快捷菜单中选择"粘贴"（快捷键〈Ctrl+V〉）命令，如图5-60所示，从而将"视频1"轨道上的"运动"参数复制到"视频2"轨道中，如图5-61所示。

此时在"节目"面板中单击▶按钮，即可看到"夏天.jpg"素材从由右往左运动到窗口中央的效果，如图 5-62 所示。

图5-59 选择"复制"命令　　　　　　　　图5-60 选择"粘贴"命令

图5-61 "粘贴"关键帧后的效果

图5-62 "夏天.jpg"图片从右运动到窗口中央的效果

⑦ 同理，分别在"视频 2"的 00:00:00:20 处和"视频 3"的 00:00:01:05 处粘贴"视频 1"的"运动"关键帧，此时在"节目"面板中单击▶按钮，即可看到 4 幅图片逐一从右运动到窗口中央的效果，如图 5-63 所示。

图5-63 4幅图片从右逐一运动到窗口中央的效果

3. 制作多画面旋转动画

① 制作"春天素材.jpg"的旋转动画。方法:为了便于观看效果,下面隐藏"视频2"~"视频4",再选择"时间线"面板中的"春天素材.jpg"素材。然后在"特效控制台"面板中将时间线滑块移动到00:00:02:00的位置,单击"位置"后的 按钮,插入一个位置关键帧。再单击"旋转"前面的 按钮,添加一个旋转关键帧,如图5-64所示。接着将时间线滑块移动到00:00:02:10的位置,将"位置"的数值设置为(180.0,144.0),再将"旋转"的数值设置为360,当输入"360"按〈Enter〉键确认后,数值会自动变为"1×0.0°",即一个圆周,如图5-65所示。最后在"节目"面板中单击 按钮,即可看到"春天素材.jpg"图片在00:00:02:00~00:00:02:10的位置从窗口中央旋转到屏幕的左上部的效果,如图5-66所示。

图5-64 在00:00:02:00处添加"位置"和"旋转"关键帧

图5-65 在00:00:02:10处添加"位置"和"旋转"关键帧

图5-66 "春天素材.jpg"图片从窗口中央旋转到屏幕的左上部的效果

② 制作"夏天.jpg"的旋转动画。方法:恢复"视频2"的显示,再选择"时间线"面板中的"夏天.jpg"素材,然后在"特效控制台"面板中将时间线滑块移动到00:00:02:00的位置,单击"位置"后的 按钮,插入一个位置关键帧。再单击"旋转"前面的 按钮,添加一个旋转关键帧,如图5-67所示。接着将时间线滑块移动到00:00:02:10的位置,将"位置"的数值设置为(540.0,144.0),再将"旋转"的数值设置为−360,当输入"−360"按回车键确认后,数值会自动变为"−1×0.0°",即一个圆周,如图5-68所示。最后在"节目"面板中单击 按钮,即可看到"夏天素材.jpg"图片在00:00:02:00~00:00:02:10的位置从窗口中央旋转到屏幕的右上部的效果,如图5-69所示。

③ 制作"秋天素材.jpg"的旋转动画。方法:恢复"视频3"的显示,再选择"时间线"面板中的"秋天素材.jpg"素材,然后在"特效控制台"面板中将时间线滑块移动到00:00:02:00的位置单击"位置"后的 按钮,插入一个位置关键帧。再单击"旋转"前面的 按钮,

添加一个旋转关键帧,如图5-70所示。接着将时间线滑块移动到00:00:02:10的位置,将"位置"的数值设置为(180.0,432.0),再将"旋转"的数值设置为360,此时数值会自动变为"1×0.0°",如图5-71所示。最后在"节目"面板中单击 ▶ 按钮,即可看到"秋天素材.jpg"图片在00:00:02:00～00:00:02:10的位置从窗口中央旋转到屏幕的左上部的效果,如图5-72所示。

图5-67　在00:00:02:00处添加"位置"和"旋转"关键帧　　　图5-68　在00:00:02:10处添加"位置"和"旋转"关键帧

图5-69　"夏天素材.jpg"图片从窗口中央旋转到屏幕的右上部的效果

图5-70　在00:00:02:00处添加"位置"和"旋转"关键帧　　　图5-71　在00:00:02:10处添加"位置"和"旋转"关键帧

图5-72　"秋天素材.jpg"图片从窗口中央旋转到屏幕的左下部的效果

④ 制作"冬天素材.jpg"的旋转动画。方法：恢复"视频4"的显示，再选择"时间线"面板中的"冬天素材.jpg"素材，然后在"特效控制台"面板中将时间线滑块移动到00:00:02:00的位置单击"位置"后的 ○ 按钮，插入一个位置关键帧。再单击"旋转"前面的 ○ 按钮，添加一个旋转关键帧，如图5-73所示。接着将时间线滑块移动到00:00:02:10的位置，将"位置"的数值设置为(540.0,432.0)，再将"旋转"的数值设置为−360，此时数值会自动变为"−1×0.0°"，如图5-74所示。最后在"节目"面板中单击 ▶ 按钮，即可看到"冬天素材.jpg"图片在00:00:02:00～00:00:02:10的位置从窗口中央旋转到屏幕的右下部的效果，如图5-75所示。

图5-73　在00:00:02:00处添加
"位置"和"旋转"关键帧

图5-74　在00:00:02:10处添加
"位置"和"旋转"关键帧

图5-75　"冬天素材.jpg"图片从窗口中央旋转到屏幕的右下部的效果

⑤ 将5s以后的素材进行切除。方法：将时间线滑块移动到00:00:05:00的位置，然后选择工具箱中的 ◆ （剃刀工具），按住键盘上的〈Shift〉键，在该处单击，即可将视频轨道上第5s前后的素材剪切开，如图5-76所示。然后利用工具箱中的 ▶ （选择工具）选中5s以后的素材，按〈Delete〉键进行删除，结果如图5-77所示。

图5-76　裁剪素材

图5-77　删除多余素材后的效果

⑥ 至此，制作整个风景宣传动画制作完毕，下面执行菜单中的"文件 | 导出 | 媒体"命令，将其输出为"风景宣传动画效果.avi"文件。

5.3.2　制作沿一定方向运动的图片效果

要点

　　本例将制作沿一定方向运动的图片效果，如图5-78所示。通过本例的学习，读者应掌握以文件夹的方式导入素材、制作彩色蒙板、通过拖动的方式快速设置"时间线"面板中素材的持续时间、制作字幕、利用关键帧制作图片的位置动画和复制粘贴关键帧参数的方法。

图5-78　沿一定方向运动的图片效果

 操作步骤

1. 制作图片的运动效果

① 启动 Premiere Pro CS4，然后单击"新建项目"按钮，新建一个名称为"沿一定方向运动的图片效果"的项目，编辑模式为标准 48 kHz 的 DV-PAL 制的项目文件。

② 导入素材。方法：执行菜单中的"文件 | 导入"命令，然后在弹出的"导入"对话框中选择配套光盘中的"素材及结果 \ 第5章运动效果的应用 \ 5.3.2 制作沿一定方向运动的图片效果 \ 咖啡"文件夹，如图 5-79 所示，单击"导入文件夹"按钮，此时整个文件夹的素材都会被导入"项目"面板，如图 5-80 所示。

③ 制作绿色背景。方法：单击"项目"面板下方的 (新建分项) 按钮，然后从弹出的快捷菜单中选择"彩色蒙板"命令，如图 5-81 所示。接着在弹出的"新建彩色蒙板"对话框中保持默认参数，如图 5-82 所示，单击"确定"按钮。再在弹出的"颜色拾取"对话框中设置一种蓝色（RGB 为 (50,100,0)），如图 5-83 所示，单击"确定"按钮。最后在弹出的"选择名称"

对话框中输入"绿色背景"作为名称，如图 5-84 所示，单击"确定"按钮，即可完成绿色背景的创建，此时"项目"面板如图 5-85 所示。

图5-79 选择"茶"文件夹

图5-80 "项目"面板

图5-81 选择"彩色蒙板"命令

图5-82 "新建彩色蒙板"对话框

图5-83 设置一种蓝色

图5-84 输入蒙板名称

④ 从"项目"面板中将"绿色背景"拖入"时间线"面板的"视频1"轨道中，入点为00:00:00:00，然后设置该素材的持续时间设置为18s，此时"时间线"面板如图5-86所示。

图5-85 "项目"面板　　　　　　　　　图5-86 "时间线"面板

⑤ 将"001.jpg"素材放入时间线。方法：从"项目"面板中将"茶"文件夹中的"001.jpg"素材拖入"时间线"面板的"视频2"轨道中，入点为00:00:00:00，然后设置该素材的持续时间也设置为18s，使其时间长度与"视频1"轨道上的素材等长，此时"时间线"面板如图5-87所示。

图5-87 将"001.jpg"素材拖入"时间线"面板，并设置其时间长度与"视频1"轨道上的素材等长

提示

将鼠标放在"视频2"轨道的"001.jpg"素材结尾处，此时鼠标会变为形状，此时拖动鼠标可以快速将其时间长度设置为与"视频1"轨道上的素材等长，如图5-88所示。

图5-88 通过拖动的方式将"视频2"轨道上素材的时间长度设置为与"视频1"上的素材等长

⑥ 此时"001.jpg"素材的尺寸过大，下面调整该素材的大小。方法：选择"视频2"轨道上的"001.jpg"素材，然后在"特效控制台"面板中展开"运动"选项，将"缩放比例"设置为42.0，如图5-89所示。

图5-89　将"001.jpg"素材的"缩放比例"设置为42.0

⑦ 制作"视频2"轨道中的"001.jpg"素材从左往右运动的效果。方法：选择"视频2"轨道上的"001.jpg"素材，然后将时间滑块移动到00:00:00:00处，接着在"特效控制台"面板中单击"位置"左边的的█按钮，添加一个关键帧，并将数值设置为(-200.0,288.0)，如图5-90所示。最后将时间滑块移动到00:00:06:20处，将"位置"的数值设置为(900.0,288.0)，此时软件会在00:00:06:20处自动添加一个关键帧，如图5-91所示。此时在"节目"面板中单击▶按钮，即可看到"001.jpg"素材从左往右运动的效果，如图5-92所示。

图5-90　在00:00:00:00处添加"位置"关键帧，并设置数值为(-200.0,288.0)

图5-91　在00:00:06:20处添加"位置"关键帧，并设置数值为(800.0,288.0)

图5-92 "001.jpg"素材从左往右运动的效果

⑧ 将"002.jpg"素材放入时间线。方法：从"项目"面板中将"咖啡"文件夹中的"002.jpg"素材拖入"时间线"面板的"视频3"轨道中，入点为00:00:02:00，然后通过在"002.jpg"素材结尾处进行拖动的方式将其时间长度设置为与"视频1"和"视频2"轨道上的素材等长，此时"时间线"面板如图5-93所示。

图5-93 将"002.jpg"素材拖入"视频3"轨道中，并设置其时间长度

⑨ 通过复制粘贴关键帧的方式制作"视频3"轨道中的"002.jpg"素材从左往右运动的效果。方法：选择"视频2"轨道上的"001.jpg"素材，然后进入"特效控制台"面板，将时间滑块移动到00:00:00:00处，右击"运动"参数，接着从弹出的快捷菜单中选择"复制"命令，如图5-94所示，复制"运动"参数。再选择"视频3"轨道中的"002.jpg"素材，进入"特效控制台"面板，最后将时间滑块定位在00:00:02:00处，右击"运动"参数，从弹出的快捷菜单中选择"粘贴"参数，如图5-95所示，从而将"视频2"轨道上的"运动"参数复制到"视频3"轨道中，如图5-96所示。此时在"节目"面板中单击▶按钮，即可看到"002.jpg"素材从左往右运动的效果，如图5-97所示。

图5-94 选择"复制"命令　　　　　图5-95 选择"粘贴"命令

图5-96　粘贴"运动"参数后的效果

图5-97　"002.jpg"素材从左往右运动的效果

⑩ 同理,从"项目"面板中将"咖啡"文件夹中的"003.jpg"素材拖入"时间线"面板的"视频3"轨道的上方,此时会自动产生一个"视频4"轨道,然后将其入点设置为00:00:04:00,再通过在"003.jpg"素材结尾处进行拖动的方式将其时间长度设置为与其他轨道上的素材等长,此时"时间线"面板如图5-98所示。

图5-98　将"003.jpg"素材拖入"视频4"轨道中,并设置其时间长度

⑪ 同理,通过复制粘贴关键帧的方式,将"视频2"轨道中"001.jpg"素材00:00:00:00处的"运动"参数粘贴到"视频4"轨道中"003.jpg"素材00:00:04:00处,如图5-99所示。此时在"节目"面板中单击▶按钮,即可看到"003.jpg"素材从左往右运动的效果,如图5-100所示。

图5-99　将"001.jpg"素材00:00:00:00处的"运动"参数粘贴到"003.jpg"素材的00:00:04:00处

图5-100　"003.jpg"素材从左往右运动的效果

⑫　同理，从"项目"面板中将"咖啡"文件夹中的"004.jpg"素材拖入"时间线"面板的"视频 4"轨道的上方，此时会自动产生一个"视频 5"轨道，然后将其入点设置为 00:00:06:00，再通过在"004.jpg"素材结尾处进行拖动的方式将其时间长度设置为与其他轨道上的素材等长，此时"时间线"面板如图 5-101 所示。

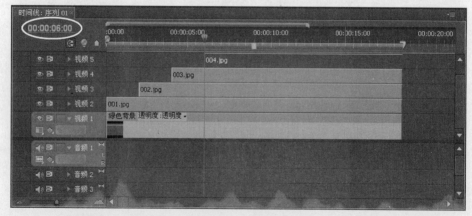

图5-101　将"004.jpg"素材拖入"视频5"轨道中，并设置其时间长度

⑬　通过复制粘贴关键帧的方式，将"视频 2"轨道中"001.jpg"素材 00:00:00:00 处的"运动"参数粘贴到"视频 5"轨道中"004.jpg"素材 00:00:06:00 处，如图 5-102 所示。此时在"节目"面板中单击▶按钮，即可看到"004.jpg"素材从左往右运动的效果，如图 5-103 所示。

图5-102 将"001.jpg"素材00:00:00:00处的"运动"参数粘贴到"004.jpg"素材的00:00:06:00处

图5-103 "004.jpg"素材从左往右运动的效果

2. 制作"字幕01"字幕

① 单击"项目"面板下方的■（新建分项）按钮，从弹出的快捷菜单中选择"字幕"命令，然后在弹出的"新建字幕"对话框中保持默认参数设置，如图 5-104 所示。单击"确定"按钮，进入"字幕01"字幕的设计窗口，如图 5-105 所示。

图5-104 新建"字幕01"字幕　　　　　图5-105 "字幕01"的字幕设计窗口

② 输入文字。方法：选择"字幕工具"面板中的 ⚡ （路径输入工具），然后在字幕设计窗口中绘制一条路径，如图 5-106 所示，接着再次选择 ⚡ （路径输入工具），在绘制的路径上单击。此时路径上会出现一个白色的光标，如图 5-107 所示，此时输入文字"咖啡文化"。最后在"字幕属性"面板中设置"字体"为 STXingKai、"字体大小"为 110.0。再将"填充"区域下的"色彩"设置为咖啡色（RGB(80,10,10)），如图 5-108 所示。

图5-106　绘制一条路径　　　　　图5-107　路径上会出现一个白色的光标

图5-108　输入文字

③ 将"填充"区域下选中"光泽"复选框，然后将"色彩"设置为一种白色，"大小"设置为 100.0。接着在"描边"区域中单击"外侧边"右侧的"添加"命令，添加一个外侧边，并将"大小"设置为 15.0，"色彩"设置为一种淡绿色（RGB(220,250,200)）。最后选中"阴影"复选框，并将"阴影"区域下的"色彩"设置为白色，将"透明度"设置为 50%，"角度"设置为 0.0°，"距离"设置为 15.0，"大小"设置为 2.0，"扩散"设置为 20.0，如图 5-109 所示。

图5-109 设置文字参数

3. 制作"字幕02"字幕

① 单击"字幕工具"面板中属性栏中的█ (基于当前字幕新建字幕)按钮,然后在弹出的"新建字幕"对话框中保持默认参数设置,如图 5-110 所示,单击"确定"按钮,进入"字幕02"字幕的设计窗口。

② 选择"字幕工具"面板中的 █ (椭圆工具),在字幕设计窗口中绘制一个白色椭圆,然后单击"字幕动作"面板中的█按钮,将其水平居中对齐,如图 5-111 所示。

图5-110 新建"字幕02"字幕

图5-111 绘制白色椭圆

③ 利用"字幕工具"面板中的中的 ▶ (选择工具),选择字幕设计窗口中的路径文字,然后按〈Delete〉键进行删除,效果如图 5-112 所示。

④ 单击字幕设计窗口右上角的▣按钮,关闭字幕设计窗口,此时创建的"字幕 01"和"字幕 02"字幕会自动添加到"项目"面板中,如图 5-113 所示。

图5-112 删除文字的效果　　　　图5-113 "项目"面板

4. 制作字幕的运动效果

① 将"字幕 01"字幕素材拖入"时间线"面板。方法:从"项目"面板中将"字幕 01"字幕素材拖入"时间线"面板的"视频 5"轨道的上方,此时会自动产生一个"视频 6"轨道,然后将其入点设置为 00:00:08:00,再通过在"字幕 01"素材结尾处进行拖动的方式将其时间长度设置为与其他轨道上的素材等长,此时"时间线"面板如图 5-114 所示。

图5-114 将"字幕01"字幕素材拖入"视频6"轨道中,并设置其时间长度

② 设置"字幕 01"字幕素材从左往右运动的效果。方法:选择"视频 6"轨道上的"字幕01"字幕素材,然后将时间滑块移动到 00:00:08:00 处,接着在"特效控制台"面板中单击"位置"左边的的▣按钮,添加一个关键帧,并将数值设置为(-400.0,200.0),如图 5-115 所示。最后将时间滑

块移动到00:00:12:20处,将"位置"的数值设置为(360.0,288.0),此时软件会在00:00:12:20处自动添加一个关键帧,如图5-116所示。此时在"节目"面板中单击▶按钮,即可看到"字幕01"字幕素材从左往右运动的效果,如图5-117所示。

图5-115 在00:00:08:00处添加"位置"关键帧　　图5-116 在00:00:12:20处添加"位置"关键帧

图5-117 "字幕01"素材从左往右运动的效果

③ 同理,将"字幕02"字幕素材拖入"时间线"面板的"视频7"轨道中,然后将其入点设置为00:00:12:00,再通过在"字幕02"字幕素材结尾处进行拖动的方式将其时间长度设置为与其他轨道上的素材等长,此时"时间线"面板如图5-118所示。

图5-118 将"字幕02"字幕素材拖入"视频7"轨道中,并设置其时间长度

④ 设置"字幕02"字幕素材从左往右运动的效果。方法:选择"视频7"轨道上的"字幕01"字幕素材,然后将时间滑块移动到00:00:12:00处,接着在"特效控制台"面板中单击"位置"左边的的◎按钮,添加一个关键帧,并将数值设置为(-300.0,288.0),如图5-119所示。最后将时间滑块移动到00:00:14:00处,将"位置"的数值设置为(360.0,288.0),此时软件会在

00:00:14:50 处自动添加一个关键帧，如图 5-120 所示。此时在"节目"面板中单击▶按钮，即可看到"字幕 02"字幕素材从左往右运动的效果，如图 5-121 所示。

图5-119　在00:00:12:00处添加"位置"关键帧

图5-120　在00:00:14:00处添加"位置"关键帧

图5-121　"字幕02"素材从左往右运动的效果

⑤ 至此，整个沿一定方向运动的图片效果制作完毕，下面执行菜单中的"文件|导出|媒体"命令，将其输出为"逐个出现的字幕效果.avi"文件。

课 后 练 习

1. 填空题

（1）在 Premiere Pro CS4 中的运动效果可分为_____运动、_____运动、_____运动和_____运动 4 种。

（2）选择要删除的关键帧，按键盘上的_____键即可将其删除。

2. 选择题

（1）下列（　　）属于在"特效控制台"面板"运动"项中可以设置的参数。

A. 位置　　　　　　B. 旋转　　　　　　C. 三维　　　　　　D. 定位点

（2）粘贴关键帧的快捷键是（　　）。

A.〈Ctrl+C〉　　　B.〈Ctrl+X〉　　　C.〈Ctrl+A〉　　　D.〈Ctrl+V〉

3. 问答题 / 上机题

（1）简述利用"特效控制台"面板来实现透明效果的方法。

（2）利用配套光盘中的"课后练习\第5章\练习1"中的相关素材制作图5-122所示的画面运动和旋转效果。

图5-122 练习1的效果

（3）利用配套光盘中的"课后练习\第5章\练习2"中的相关素材制作图5-123所示的图片和文字的运动效果。

图5-123 练习2的效果

第6章

字幕的应用

字幕是现代影视节目中的重要组成部分，可以起到解释画面、补充内容等作用。Premiere作为专业视频编辑软件，有着强大的字幕制作和处理功能。通过本章学习，读者应掌握以下内容：

- 认识字幕窗口；
- 掌握文本字幕的创建方法；
- 掌握使用图形字幕对象的方法；
- 掌握字幕效果的编辑方法；
- 掌握创建动态字幕的方法。

6.1 初识字幕

字幕是影视制作中常用的信息表现元素，独立于视频、音频这些常规内容。很多影视的片头都会用到精彩的标题字幕，以使影片更为完整。Premiere Pro CS4 为字幕准备了一个与音频编辑区域完全隔离的字幕设计窗口，以便用户能够专注于字幕的创建工作。

6.1.1 简单字幕的创建

所谓字幕，是指在视频素材和图片素材之外，由用户自行创建的可视化元素，如文字、图形等。创建简单字幕的具体操作步骤如下：

① 启动 Premiere Pro CS4 后，然后执行菜单中的"文件|新建|字幕"命令（或者单击"项目"面板下方的 （新建分项）按钮，从弹出的快捷菜单中选择"字幕"命令）。

② 在弹出的图 6-1 所示的"新建字幕"对话框中输入字幕的名称后，单击"确定"按钮，即可创建一个新的字幕设计窗口，如图 6-2 所示。

③ 选择"字幕工具"面板中的 （文字工具），然后在字幕设计窗口中单击，即可输入文字内容，如图 6-3 所示。

图6-1 "新建字幕"对话框

图6-2 新建的字幕

图6-3 输入文字内容

④ 接下来,单击字幕设计窗口中的■按钮,关闭字幕设计窗口。此时创建的字幕会自动添加到"项目"面板中,如图 6-4所示。

图6-4 "项目"面板

6.1.2 字幕设计窗口的布局

所有字幕都是在字幕设计窗口中创建完成的。在该设计窗口中用户不仅可以创建和编辑静态字幕,还可以制作出各种动态的字幕效果。字幕设计窗口包括"字幕"面板、"字幕工具"面板、"字幕动作"面板、"字幕样式"面板和"字幕属性"面板 5 个面板。

1. "字幕"面板

"字幕"面板位于字幕设计窗口的中央,是创建、编辑字幕的主要区域,用户不仅可以在该面板中直观地了解字幕应用于影片后的效果,还可直接对其进行修改。

"字幕"面板分为属性栏和编辑窗口两部分,如图 6-5 所示。

图6-5 "字幕"面板

属性栏包含了字体、字体样式等字幕对象常见的属性设置项,利用属性栏快速调整字幕对象,从而提高创建及修改字幕时的工作效率。

编辑窗口用于创建和编辑字幕，这里需要注意的是编辑窗口中显示了两个实线框，其中内部实线框是字幕标题安全区，外部实线框是字幕动作安全区。如果文字或图形在动作安全区外，那么他们将不会在某些 NTSC 制式的显示器或电视中显示出来，即使能在 NTSC 显示器上显示出来，也会出现模糊或变形。

2. "字幕工具"面板

"字幕工具"面板位于字幕设计窗口的左上方，如图 6-6 所示。包含了制作和编辑字幕时所要用到的工具。利用这些工具，用户不仅可以在字幕内加入文本，还可绘制简单的几何图形。

- ▶（选择工具）：用于选定窗口中的文字或图像，配合〈Shift〉键，可以同时选择多个对象。选中的对象四周将会出现控制点。
- ⌒（旋转工具）：用于对字幕文本进行旋转。
- **T**（文字工具）：用于在字幕设计窗口中输入水平方向的文字。
- **IT**（垂直文字工具）：用于在字幕设计窗口中输入垂直方向的文字。
- ▦（文本框工具）：用于在字幕设计窗口中输入水平方向的多行文本。
- ▦（垂直文本框工具）：用于在字幕设计窗口中输入垂直方向的多行文本。
- ↗（路径输入工具）：用于在字幕设计窗口中输入沿路径弯曲且平行于路径的文本。图 6-7为使用路径输入工具输入文本的效果。

图6-6　"字幕工具"面板

图6-7　使用"路径输入工具"输入文本的效果

- ↖（垂直路径输入工具）：用于在字幕设计窗口中输入沿路径弯曲且垂直于路径的文本。
- ✎（钢笔工具）：用于绘制使用↗（路径输入工具）和↖（垂直路径输入工具）输入的文本路径。
- ✎（添加定位点工具）：用于添加在文本路径上的锚点。
- ✎（删除定位点工具）：用于删除在文本路径上的锚点。
- ↖（转换定位点工具）：用于调整文本路径的平滑度。
- ▭（矩形工具）：用于绘制带有填充色和线框色的矩形。配合键盘上的〈Shift〉键，可绘制出正方形。
- ▢（圆角矩形工具）：用于绘制带有圆角的矩形，如图 6-8 所示。
- ▢（切角矩形工具）：用于绘制带有斜角的矩形，如图 6-9 所示。
- ▭（圆矩形工具）：用于绘制左右两端是圆弧形的矩形，如图 6-10 所示。

图6-8　圆角矩形

图6-9　切角矩形

图6-10　圆矩形

- ◣（三角形工具）：用于绘制三角形。配合键盘上的〈Shift〉键，可绘制出直角三角形。
- ◢（圆弧工具）：用于绘制弧形。
- ◯（椭圆工具）：用于绘制椭圆形。配合键盘上的〈Shift〉键，可绘制出正圆。
- ◥（直线工具）：用于在字幕窗口中绘制线段。

3.　"字幕动作"面板

图6-11　"字幕动作"面板

"字幕动作"面板位于字幕设计窗口的左下方，用于在"字幕"面板的编辑窗口对齐或排列所选对象。"字幕动作"面板中的工具按钮分为"对齐"、"居中"和"分布" 3 个选项组，如图 6-11 所示。

其中"对齐"选项组中按钮的含义如下：

- （水平－左对齐）：用于将所选对象以最左侧对象的左边线为基准进行对齐。
- （垂直－顶对齐）：用于将所选对象以最上方对象的顶边线为基准进行对齐。
- （水平居中）：用于在竖排时，以上面第 1 个对象中心位置对齐；横排时，以选择的对象横向的中间位置集中对齐。
- （垂直居中）：用于在横排时，以左侧第 1 个对象中心位置对齐；竖排时，以选择的对象横向的中间位置集中对齐。
- （水平－右对齐）：用于将所选对象以最右侧对象的右边线为基准进行对齐。
- （垂直－底对齐）：用于将所选对象以最下方对象的底边线为基准进行对齐。

其中"居中"选项组中的按钮只有在选择两个对象之后才能被激活，它们的含义如下：

- （垂直居中）：用于在水平方向上，与视频画面的垂直中心保持一致。
- （水平居中）：用于在垂直方向上，与视频画面的水平中心保持一致。

其中"分布"选项组中的按钮只有在选择至少 3 个对象后才能被激活，它们的含义如下：

- （水平－左对齐）：用于以左右两侧对象的左边线为界，使相邻对象左边线的间距保持一致。
- （垂直－顶对齐）：用于以上下两侧对象的顶边线为界，使相邻对象顶边线的间距保持一致。
- （水平居中）：用于以左右两侧对象的垂直中心线为界，使相邻对象中心线的间距保持一致。
- （垂直居中）：用于以上下两侧对象的水平中心线为界，使相邻对象中心线的间距保持一致。

- （水平－右对齐）：用于以左右两侧对象的右边线为界，使相邻对象右边线的间距保持一致。
- ▲（垂直－底对齐）：用于以上下两侧对象的底边线为界，使相邻对象底边线的间距保持一致。
- ▥（水平平均）：用于以左右两侧对象为界，使相邻对象的垂直间距保持一致。
- ▥（垂直平均）：用于以上下两侧对象为界，使相邻对象的水平间距保持一致。

4."字幕样式"面板

"字幕样式"面板位于字幕设计窗口的中下方，如图 6-12 所示。其中存放着 Premiere Pro CS4 中 51 种预置字幕样式。利用这些样式，用户可以在创建字幕后，快速获得各种精美的字幕效果。

提示

字幕样式可应用于所有的字幕对象，包括文本和图形。

5."字幕属性"面板

"字幕属性"面板位于字幕设计窗口的右侧，如图 6-13 所示，包括"变换"、"属性"、"填充"、"描边"和"阴影"5 个参数区域。利用这些参数选项，用户不仅可以对字幕中文字和图形的位置、大小、颜色等基本属性进行调整，还可以为其定制描边与阴影效果。关于"字幕属性"面板中的相关参数的讲解请参见"6.3 字幕效果的编辑"。

图6-12 "字幕样式"面板

图6-13 "字幕属性"面板

6.2　创建文本字幕

文本字幕分为多种类型，除了基本的水平文本字幕和垂直文本字幕外，Premiere Pro CS4 还能够创建路径文本字幕。下面就来具体讲解这些文本字幕的创建方法。

6.2.1　创建水平文本字幕

水平文本字幕是指沿水平方向进行分布的字幕类型。使用 （文字工具）在 "字幕" 面板的编辑窗口的任意位置单击，即可输入相应文字，从而创建水平文本字幕，如图 6-14 所示。此外使用 （文本框工具）在 "字幕" 面板的编辑窗口中绘制文本框后，输入文字，可以创建多行水平文本字幕，如图 6-15 所示。

> **提示**
>
> 在输入文本内容的过程中，按〈Enter〉键可以使文字内容另起一行。

图6-14　创建水平文本字幕　　　　图6-15　创建多行水平文本字幕

6.2.2　创建垂直文本字幕

垂直文本字幕的创建方法与水平文本字幕的创建方法类似，只要使用 （垂直文字工具）在 "字幕" 面板的编辑窗口的任意位置单击，即可输入相应文字，从而创建垂直文本字幕，如图 6-16 所示。此外使用 （垂直文本框工具）在 "字幕" 面板的编辑窗口中绘制文本框后，输入文字，可以创建多行垂直文本字幕，如图 6-17 所示。

图6-16　创建垂直文本字幕　　　图6-17　创建多行垂直文本字幕

6.2.3　创建路径文本字幕

与水平文本字幕和垂直文本字幕相比，路径文本字幕的特点是能够通过调整路径形状而改变字幕的整体形态。创建路径文本的具体操作步骤如下：

① 使用 （路径输入工具）在 "字幕" 面板的编辑窗口的任意位置单击，从而创建路径的第 1 个定位点，如图 6-18 所示。

② 同理，创建路径的第 2 个定位点，然后通过调整锚点的控制柄来修改路径的形状，如图 6-19 所示。

图6-18　创建路径的第1个锚点

图6-19　修改路径的形状

③ 完成路径会之后，直接输入文本内容，即可完成路径文本的创建，如图 6-20 所示。

图6-20　创建的路径文本

6.3　字幕效果的编辑

在字幕设计窗口中输入文字后，还可以对文字进行变换、填充、描边以及添加阴影等操作，从而使字幕看起来更加美观。在 Premiere Pro CS4 中，可以通过设置"字幕属性"面板中的"变换"、"属性"、"填充"、"描边"和"阴影"5 种参数来编辑文字效果。

1. 变换

"变换"区域的参数用于设置选定对象的"透明度"、"位置"、"宽度"、"高度"和"旋转"属性。

- 透明度：用于设置对象的透明度。
- X 位置：用于设置对象在 X 轴的坐标。
- Y 位置：用于设置对象在 Y 轴的坐标。
- 宽度：用于设置对象的宽度。
- 高度：用于设置对象的高度。
- 旋转：用于设置对象的旋转角度。

2．属性

"属性"区域的参数用于设置字体、字体大小、字距等属性。

- 字体：在该下拉列表中包含了系统中安装的所有字体。
- 字体样式：在该下拉列表中包含了字体一般加粗、倾斜等样式。
- 字体大小：用于设置字体的大小。
- 纵横比：用于设置字体的长宽比。图 6-21 为设置不同"纵横比"数值的效果比较。

图6-21　设置不同"纵横比"的效果比较

- 行距：用于设置行与行之间的距离。图 6-22 为设置不同"行距"数值的效果比较。

"行距"为100　　　　　　　　　　　　　　"行距"为200

图6-22　设置不同"行距"的效果比较

- 字距：用于设置光标位置处前后字符之间的距离，可在光标位置处形成两段有一定距离的字符。图 6-23 为设置不同"字距"数值的效果比较。

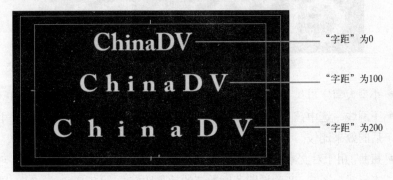

图6-23　设置不同"字距"的效果比较

- 跟踪：用于设置文字 X 坐标的基准，可以与字距配合使用，输入从右往左读者的文字。
- 基线位移：用于设置输入文字的基线位置，通过改变该项的数值，可以方便地设置上标和下标。图 6-24 为设置不同"基线位移"数值的效果比较。

图6-24 设置不同"基线位移"数值的效果比较

- 倾斜：用于设置字符是否倾斜。图 6-25 为设置不同"倾斜"数值的效果比较。

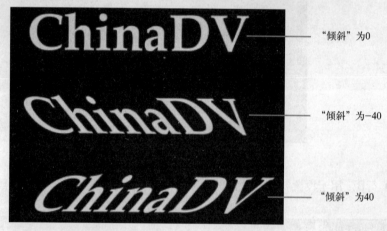

图6-25 设置不同"倾斜"数值的效果比较

- 小型大写字母：选中该项后，可以输入大写字母，或者将已有的小写字母改为大写字母。图 6-26 为选中"小型大写字母"复选框前后的效果比较。

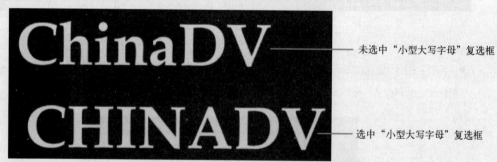

图6-26 选中"小型大写字母"复选框前后的效果比较

- 小型大写字母尺寸：小写字母改为大写字母后，可以利用该项来调整大小。
- 下画线：选中该项后，可以在文本下方添加下画线。图 6-27 为选中"下画线"复选框前后的效果比较。
- 扭曲：用于对文本进行扭曲设置。通过调节 X 和 Y 轴向的扭曲度，可以产生变化多端的文本形状。图 6-28 为设置不同数值的效果比较。

图6-27　勾选"下画线"复选框前后的效果比较

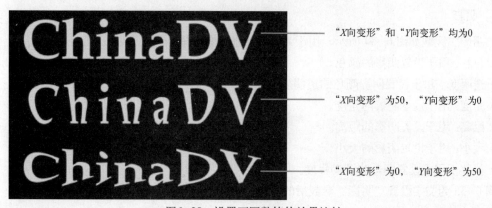

图6-28　设置不同数值的效果比较

3. 填充

"填充"区域如图 6-29 所示，用于为指定的文本或图形设置填充色。

● 填充类型：在右侧的下拉列表中提供了实色、线性渐变、放射渐变、4 色渐变、斜角边、消除和残像 7 种填充类型可供选择，如图 6-30 所示。

图6-29　"填充"区域的参数

图6-30　填充类型

● 色彩：用于设置填充颜色。

● 透明度：用于设置填充色的透明度。

● 光泽：选中该项后，可为对象添加一条辉光线。

● 纹理：选中该项后，可为字幕设置纹理效果。

4. 描边

"描边"区域如图 6-31 所示，用于为对象设置一个描边效果。

图6-31　"描边"区域
的参数

Premiere Pro CS4 提供了"内侧边"和"外侧边"两种描边效果。要应用描边效果首先要单击右侧的"添加"文字链接，此时会显示出相关参数，如图 6-32 所示，然后通过设置相关参数选项完成描边设置。图 6-33 为文字设置"外侧边"的描边效果。

图6-32 单击"添加"文字链接   图6-33 "外侧边"的描边效果

5.阴影

"阴影"区域如图 6-34 所示，用于为字幕添加阴影效果。

● 色彩：用于设置阴影的颜色。
● 透明度：用于设置阴影颜色的透明度。
● 角度：用于设置阴影的角度。
● 距离：用于设置阴影的距离。
● 大小：用于设置阴影的大小。
● 扩散：用于设置阴影的模糊程度。

图 6-35 为文字设置"阴影"参数后的效果。

图6-34 "阴影"区域的参数   图6-35 为文字设置"阴影"参数后的效果

6.4 创建动态字幕

根据素材类型的不同，可以将 Premiere 中的字幕分为静态字幕和动态字幕两种类型。在此之前创建的字幕都属于静态字幕，即本身不会运动的字幕。而动态字幕则是本身可以运动的字幕类型。动态字幕分为游动字幕和滚动字幕两种类型。下面就来讲解这两种动态字幕的创建方法。

6.4.1 创建游动字幕

游动字幕是指在屏幕上进行水平运动的动态字幕类型，分为从左到右游动和从右往左游动两种方式。其中，从右往左游动是游动字幕的默认设置，电视节目制作时多用于飞播信息。下面制作一个从左往右游动的字幕效果，具体操作步骤如下：

① 执行菜单中的"字幕|新建字幕|默认游动字幕"命令，然后在弹出的图 6-36 所示的"新建字幕"对话框中设置字幕素材的属性后，单击"确定"按钮，新建一个字幕文件。

② 在新建的字幕文件中输入要进行滚动的字幕内容（此时输入的是"新兴产业发展前景"8 个字），如图 6-37 所示。

图6-36 "新建字幕"对话框

图6-37 输入游动字幕的文字

③ 单击字幕设计窗口中"字幕"面板属性栏中的 （滚动/游动选项）按钮，然后在弹出的"滚动/游动选项"对话框中选中"右滚动"单选按钮和"开始于屏幕外"与"结束于屏幕外"复选框，如图 6-38 所示，单击"确定"按钮。

④ 从"项目"面板中将制作好的滚动字幕拖入"时间线"面板中，然后单击"节目"面板中的 按钮，即可看到从左往右游动的字幕效果，如图 6-39 所示。

图6-38 设置游动字幕的参数

图6-39 从左往右游动的字幕效果

6.4.2 创建滚动字幕

滚动字幕的效果是从屏幕下方逐渐向上运动，在影视节目制作中多用于节目末尾演职员表的制作。制作滚动字幕的具体操作步骤如下：

① 执行菜单中的"字幕|新建字幕|默认滚动字幕"命令，然后在弹出的图 6-40 所示的"新建字幕"对话框中设置字幕素材的属性后，单击"确定"按钮，新建一个字幕文件。

② 在新建的字幕文件中输入要进行滚动的字幕内容（此时输入的是"友情出演"4 个字），如图 6-41 所示。

图6-40 "新建字幕"对话框

③ 单击字幕设计窗口中"字幕"面板属性栏中的▤(滚动/游动选项)按钮，然后在弹出的"滚动/游动选项"对话框中选中"滚动"单选按钮以及"开始于屏幕外"和"结束于屏幕外"复选框，如图6-42所示，单击"确定"按钮。

图6-41 输入要进行滚动的字幕内容　　　　图6-42 设置滚动字幕的参数

④ 从"项目"面板中将制作好的滚动字幕拖入"时间线"面板中，然后单击"节目"面板中的▶按钮，即可看到从小往上滚动的字幕效果，如图6-43所示。

图6-43 滚动字幕的效果

6.5　实例讲解

本节将通过"制作四季风景的字幕效果"、"制作颜色渐变的字幕效果"、"制作沿路径弯曲的文字效果"、"制作滚动字幕效果"、"制作游动字幕效果"和"制作底片效果"6个实例来讲解Premiere Pro CS4的字幕在实践中的应用。

6.5.1　制作四季风景的字幕效果

要点

本例将制作随图片逐个出现的字幕效果，如图6-44所示。通过本例的学习，读者应掌握制作简单文字字幕的方法。

图6-44　随图片逐个出现的字幕效果

操作步骤

1. 编辑图片素材

① 启动 Premiere Pro CS4，然后单击"新建项目"按钮，新建一个名称为"制作四季风景的字幕效果"的项目，编辑模式为标准 48 kHz 的 DV-PAL 制的项目文件。

② 设置静止图片默认持续时间为 4s。方法：执行菜单中的"编辑|参数|常规"命令，在弹出的对话框中将"视频切换默认持续时间"设置为 25 帧，将"静帧图像默认持续时间"设置为 100 帧。然后在"参数"对话框左侧选择"媒体"，再在右侧将"不确定的媒体时间基准"设置为 25.00 fps，单击"确定"按钮。

③ 导入素材。方法：执行菜单中的"文件|导入"（快捷键〈Ctrl+I〉）命令，导入配套光盘中的"素材及结果\第 6 章　字幕的应用\6.5.1 制作四季风景的字幕效果\春天.jpg"、"夏天.jpg"、"秋天.jpg"和"冬天.jpg"文件，此时"项目"面板如图 6-45 所示。

④ 在"项目"面板中按住〈Ctrl〉键，依次选择"春天.jpg"、"夏天.jpg"、"秋天.jpg"和"冬天.jpg"素材，然后将它们拖入"时间线"面板的"视频 1"轨道中，入点为 00:00:00:00。此时"时间线"面板会按照素材选择的先后顺序将素材依次排列，如图 6-46 所示。

图6-45　"项目"面板　　　　　　　　　　　　图6-46　"时间线"面板

2. 在"春天.jpg"画面上添加汉字"春"和英文 Spring 的字幕

① 将时间滑块定位在 00:00:00:00 的位置，然后单击"项目"面板下方的 ▣（新建分项）按钮，从弹出的快捷菜单中选择"字幕"命令，接着在弹出的"新建字幕"对话框中输入"名称"为"春天字幕"，如图 6-47 所示，单击"确定"按钮，进入"春天字幕"字幕的设计窗口，如图 6-48 所示。

 提示

　　将时间滑块定位在 00:00:00:00 的位置，是为了显示出"春天.jpg"的背景图片，以便调整文字在图片上的相关位置。

图6-47　输入"名称"为"春天字幕"　　　　图6-48　"春天字幕"字幕的设计窗口

② 在"春天字幕"字幕设计窗口中，选择"字幕工具"面板中的 **T**（文字工具），在字幕窗口右上部单击，然后输入文字"春"，并在右侧"字幕属性"面板中设置字体为 Adobe Caslon pro、字号为160，如图 6-49 所示。

 提示

　　选择"字幕工具"面板中的 ▶（选择工具），可以对文字位置进行再次调整。

图 6-49　输入文字"春"并设置其参数

③ 同理，重新选择工具箱中的 **T**（文字工具），在"春"字下面单击，然后输入英文 Spring，并设置字体为 Adobe Caslon pro、字体样式为 Bold、字号为 40，如图 6-50 所示。

④ 至此，"春天字幕"制作完毕，下面单击字幕设计窗口右上角的 按钮，关闭字幕设计窗口。此时创建的"春天字幕"字幕会自动添加到"项目"面板中，如图 6-51 所示。

图6-50 输入文字"Spring"　　　　　　图6-51 "项目"面板

⑤ 将"春天字幕"字幕拖入"时间线"面板的"视频 2"轨道中，入点为 00：00：00：00，如图 6-52 所示。

图 6-52 将"春天字幕"字幕拖入"视频 2"轨道中，入点为 00：00：00：00

3. 创建"夏天字幕"、"秋天字幕"和"冬天字幕"3 个字幕

① 将时间滑块移到"夏天.jpg"上，然后双击"视频 2"轨道中的"春天字幕"素材，进入"春天字幕"字幕的设计窗口，此时视频背景显示为"夏天.jpg"图片，如图 6-53 所示。

② 单击"春天字幕"字幕的设计窗口左上角的 🔲（基于当前字幕新建字幕）按钮，然后在弹出的"新建字幕"对话框中输入"名称"为"夏天字幕"，如图 6-54 所示，单击"确定"按钮，进入"夏天字幕"字幕的设计窗口。

> **提示**
>
> 在进行字幕制作时，经常会遇到要制作多个风格和版式相同而文字内容不同的字幕，利用"基于当前字幕新建字幕"的功能则可以在当前字幕内容的基础上进行简单的修改，从而完成新字幕的制作。

图6-53 输入文字"Spring"　　　　　　　　图6-54 "项目"面板

③ 在"夏天字幕"字幕设计窗口中将"春"改为"夏"、将 Spring 改为 Summer，并将文字移到右下方，如图 6-55 所示。

图6-55 更换"夏天字幕"字幕中文字后的效果

④ 单击字幕设计窗口右上角的的 按钮，关闭字幕设计窗口，此时"项目"面板如图 6-56 所示。然后将"夏天字幕"字幕拖入"时间线"面板的"视频 2"轨道中与"春天字幕"的结尾对齐，如图 6-57 所示。

图6-56 "项目"面板　　　图6-57 将"夏天字幕"字幕拖入"时间线"面板的"视频2"轨道中

⑤ 同理，创建"秋天字幕"字幕，如图 6-58 所示。然后将其拖入"时间线"面板的"视频 2"轨道中与"夏天字幕"的结尾对齐，如图 6-59 所示。

图6-58　"秋天字幕"字幕的效果

图 6-59　将"秋天字幕"字幕拖入"时间线"面板的"视频 2"轨道中

⑥ 同理，创建"冬天字幕"字幕，如图 6-60 所示。然后将其拖入"时间线"面板的"视频 2"轨道中与"秋天字幕"的结尾对齐，如图 6-61 所示。

图 6-60　"冬天字幕"字幕的效果

图6-61 将"冬天字幕"字幕拖入"时间线"面板的"视频2"轨道中

4. 创建素材之间的视频切换

① 同时选择"视频1"和"视频2"轨道，使它们高亮显示。然后将时间滑块定位在00:00:04:00的位置，然后按快捷键〈Ctrl+D〉，此时软件会在该处给"视频1"和"视频2"添加一个默认的"交叉叠化"的视频切换效果，如图6-62所示。

图6-62 在00:00:04:00处给"视频1"和"视频2"添加一个默认的"交叉叠化"的视频切换效果

② 在"节目"面板中单击 ▶ 按钮，即可看到00:00:00:00～00:00:08:00处素材之间的视频切换效果，如图6-63所示。

图6-63 在00:00:00:00～00:00:08:00处素材之间的视频切换效果

③ 按〈Page Down〉键，此时时间线滑块会自动跳转到00:00:08:00的位置，然后按快捷键〈Ctrl+D〉，在此处自动添加一个默认的"交叉叠化"的视频切换效果。接着按键盘上的〈Page Down〉键，此时时间线滑块会自动跳转到00:00:12:00的位置，最后按快捷键〈Ctrl+D〉，在此处自动添加一个默认的"交叉叠化"的视频切换效果，此时"时间线"面板如图6-64所示。

图6-64　"时间线"面板

④ 至此，制作四季风景的字幕效果制作完毕，下面执行菜单中的"文件|导出|媒体"命令，将其输出为"四季风景的字幕效果的字幕效果.avi"文件。

6.5.2　制作颜色渐变的字幕效果

要点

　　本例将制作颜色渐变的字幕效果，如图6-65所示。通过本例的学习，读者应掌握颜色渐变的字幕的制作方法。

图6-65　颜色渐变的字幕效果

操作步骤

1. 制作背景

① 启动 Premiere Pro CS5，然后单击"新建项目"按钮，新建一个名称为"制作颜色渐变的字幕效果"的项目，编辑模式为标准 48 kHz 的 DV-PAL 制的项目文件。

② 导入素材。方法：执行菜单中的"文件|导入"命令，导入配套光盘中的"素材及结果\第6章　字幕的应用\6.5.2 制作颜色渐变的字幕效果\背景 002.jpg"文件，此时"项目"面板如图 6-66 所示。

③ 将素材放入时间线。方法：将"项目"面板中的"背景002.jpg"素材拖入"时间线"面板的"视频 1"轨道中，入点为00;00;00;00，如图 6-67 所示。

图6-66　"项目"面板

2．制作字幕

① 单击"项目"面板下方的 ▣（新建分项）按钮，从弹出的快捷菜单中选择"字幕"命令，然后在弹出的"新建字幕"对话框中保持默认参数设置，如图 6-68 所示。单击"确定"按钮，进入"字幕 01"字幕的设计窗口，如图 6-69 所示。

图6-67 将"背景002.jpg"拖入"视频1"轨道中　　　图6-68 "新建字幕"对话框

② 输入文字。方法：选择"字幕工具"面板中的 ▣（垂直文字工具），然后在"字幕"面板的编辑窗口中输入"保护水资源"5 个字，接着在"字幕属性"面板中设置"字体"为 HYShuHunJ、"字体大小"为 80.0，"字距"为 15.0。接着将"填充"区域下的"填充类型"设置为"线性渐变"，再将"色彩"左侧色标设置为一种黄色（RGB(225,235,55)），将右侧色标设置为一种红色（RGB(255,0,0)），效果如图 6-70 所示。

图 6-69 "字幕 01"字幕的设计窗口　　　图 6-70 输入文字

③ 对文字进行进一步设置。方法：单击"描边"区域中"外侧边"右侧的"添加"命令，然后在添加的外侧边中将"类型"设置为"边缘"，将"大小"设置为 20.0，接着将"色彩"设置为一种淡黄色（RGB(255,255,230)）。最后选中"阴影"复选框，将"角度"设置为 30.0°，"距离"设置为 7.0，"大小"设置为 0.0，"扩散"设置为 0.0，效果如图 6-71 所示。

图6-71 设置"描边"和"阴影"参数

④ 单击字幕设计窗口右上角的◙按钮，关闭字幕设计窗口，此时创建的"字幕01"字幕会自动添加到"项目"面板中，如图 6-72 所示。

图6-72 "项目"面板

⑤ 从"项目"面板中将"字幕01"字幕拖入"时间线"面板的"视频2"轨道中，入点为 00:00:00:00，此时"时间线"面板如图 6-73 所示，效果如图 6-74 所示。

⑥ 至此，颜色渐变的字幕效果制作完毕。

图6-73 "时间线"面板

图6-74 最终效果

6.5.3　制作沿路径弯曲的文字效果

要点

　　本例将沿路径弯曲的文字效果，如图6-75所示。通过本例的学习，读者应掌握利用 🖋（垂直路径输入工具）制作沿路径弯曲的文字的方法。

图6-75　沿路径弯曲的文字效果

操作步骤

1．制作背景

①　启动Premiere Pro CS5，然后单击"新建项目"按钮，新建一个名称为"沿路径弯曲的文字效果"的项目，编辑模式为标准48 kHz的DV-PAL制的项目文件。

②　导入素材。方法：执行菜单中的"文件 | 导入"命令，导入配套光盘中的"素材及结果\第6章　字幕的应用\6.5.3制作沿路径弯曲的文字效果\背景003.jpg"文件，此时"项目"面板如图6-76所示。

图6-76　"项目"面板

③　将素材放入时间线。方法：将"项目"面板中的"背景003.jpg"素材拖入"时间线"面板的"视频1"轨道中，入点为00:00:00:00，如图6-77所示，效果如图6-78所示。

图6-77　将"背景020.jpg"拖入"视频1"轨道中

图6-78　画面效果

2. 制作字幕

① 单击"项目"面板下方的 ▣（新建分项）按钮，从弹出的快捷菜单中选择"字幕"命令，然后在弹出的"新建字幕"对话框中保持默认参数设置，如图 6-79 所示，单击"确定"按钮，进入"字幕 01"字幕的设计窗口，如图 6-80 所示。

图6-79　"新建字幕"对话框

图6-80　"字幕01"字幕的设计窗口

② 输入沿路径弯曲的文字。方法：选择"字幕工具"面板中的 ▨（路径输入工具），然后在"字幕"面板的编辑窗口中绘制一条路径，如图 6-81 所示，接着再次选择 ▨（路径输入工具），在绘制的路径上单击。此时路径上方会出现一个白色的光标，如图 6-82 所示，此时输入文字"天然纯净水"。最后在"字幕属性"面板中设置"字体"为 HYShuBoJ、"字体大小"为 70.0，"字距"为 15.0。再将"填充"区域下的"色彩"设置为白色 (RGB(255,255,255))，如图 6-83 所示。

图6-81　绘制一条路径

图6-82　路径上方出现一个白色的光标

图6-83　输入文字"粒粒香浓的咖啡"

③ 对文字进行进一步设置。方法：单击"描边"区域中"外侧边"右侧的"添加"命令，然后在添加的外侧边中将"类型"设置为"边缘"，将"大小"设置为20.0，接着将"色彩"设置为一种黑色（RGB(0,0,0)）。最后选中"阴影"复选框，保持默认的参数设置，效果如图6-84所示。

图6-84　对文字进行进一步设置后的效果

④　单击字幕设计窗口右上角的◪按钮，关闭字幕设计窗口，此时创建的"字幕 01"字幕会自动添加到"项目"面板中，如图 6-85 所示。

⑤　从"项目"面板中将"字幕 01"字幕拖入"时间线"面板的"视频 2"轨道中，入点为 00:00:00:00，此时"时间线"面板如图 6-86 所示，效果如图 6-87 所示。

⑥　至此，沿路径弯曲的文字效果制作完毕。

图6-85　"项目"面板

图6-86　"时间线"面板

图6-87　最终效果

6.5.4 制作滚动字幕效果

要点

　　本例将制作影片中经常看到的滚动字幕效果，如图6-88所示。通过本例的学习，读者应掌握滚动字幕的创建方法。

图6-88　滚动字幕效果

 操作步骤

1. 创建静态字幕

　　① 启动Premiere Pro CS4，然后单击"新建项目"按钮，新建一个名称为"制作滚动字幕效果"的项目，编辑模式为标准48 kHz 的 DV-PAL 制的项目文件。

　　② 设置静止图片默认持续时间为6s。方法：执行菜单中的"编辑|参数|常规"命令，在弹出的对话框中将"静帧图像默认持续时间"设置为150帧。然后在"参数"对话框左侧选择"媒体"，再在右侧将"不确定的媒体时间基准"设置为 25.00 fps，单击"确定"按钮。

　　③ 单击"项目"面板下方的 🔳 （新建分项）按钮，从弹出的快捷菜单中选择"字幕"命令，然后在弹出的"新建字幕"对话框中保持默认参数设置，如图 6-89 所示。单击"确定"按钮，进入"字幕 01"字幕的设计窗口，如图 6-90 所示 。

图6-89　"新建字幕"对话框

图6-90　"字幕01"字幕的设计窗口

④ 打开配套光盘中的"素材及结果\6.5.4 制作滚动字幕效果\text.txt"文件。然后按快捷键〈Ctrl+A〉全选文字,再按快捷键〈Ctrl+C〉进行复制。接着回到字幕设计窗口,选择工具箱中 T (文字工具),在字幕设计窗口中单击,最后按快捷键〈Ctrl+V〉进行粘贴,结果如图 6-91 所示。

图6-91 粘贴文字后的效果

⑤ 此时字体显示不正确,这是因为当前字体不适合的原因,下面就来解决这个问题。方法:选中所有字体,将字体改为 HYZhongSongJ 即可。

⑥ 此时文字间距和大小也不合适,下面进行调整。方法:选中所有文字,在右侧"字幕属性"面板中设置"字体大小"为 30、"行距"为 30、"字距"为 10,然后单击左侧工具栏中的 図 (水平居中)按钮,将所有文字水平居中对齐,如图 6-92 所示。

图6-92 调整文字属性后的效果

⑦ 选中首行文字"职员表",将"字体"改为 HYDaSongJ、"字体大小"改为 50,并将文字移动到中间位置,如图 6-93 所示。

图 6-93 调整"职员表"文字属性后的效果

2. 创建滚动字幕

① 单击字幕设计窗口上方的 [■](滚动/游动选项)按钮,从弹出的"滚动/游动选项"对话框中选中"滚动"单选按钮,并选中"开始于屏幕外"和"结束于屏幕外"复选框,如图 6-94 所示,单击"确定"按钮。

② 单击字幕设计窗口右上角的[⊠]按钮,关闭字幕设计窗口,此时创建的"字幕 01"字幕会自动添加到"项目"面板中。

③ 从"项目"面板中将"字幕 01"拖入"时间线"面板的"视频 1"轨道中,入点为 00:00:00:00,如图 6-95 所示。

④ 至此,制作滚动字幕效果制作完毕,下面执行菜单中的"文件 | 导出 | 媒体"命令,将其输出为"滚动字幕效果.avi"文件。

图6-94 设置滚动字幕的参数

图6-95 将"字幕01"拖入"视频1"轨道中

6.5.5　制作游动字幕效果

要点

　　本例将制作竖排从左到右的游动字幕效果，如图6-96所示。通过本例的学习，读者应掌握输入垂直文字、创建游动字幕和字幕样式的应用。

图6-96　游动字幕效果

操作步骤

1. 创建静态字幕

　　① 启动Premiere Pro CS4，然后单击"新建项目"按钮，新建一个名称为"制作游动字幕效果"的项目，编辑模式为标准 48 kHz 的 DV-PAL 制的项目文件。

　　② 设置静止图片默认持续时间为 6 s。方法：执行菜单中的"编辑|参数|常规"命令，在弹出的对话框中将"静帧图像默认持续时间"设置为 150 帧。然后在"参数"对话框左侧选择"媒体"，再在右侧将"不确定的媒体时间基准"设置为 25.00 fps，单击"确定"按钮。

　　③ 导入素材。方法：执行菜单中的"文件|导入"命令，导入配套光盘中的"素材及结果\第 6 章 字幕的应用 \6.5.5 制作游动字幕效果 \ 背景.jpg"文件。

　　④ 将素材放入时间线。方法：将"项目"面板中的"背景.jpg"素材拖入"时间线"面板的"视频 1"轨道中，入点为 00:00:00:00，如图 6-97 所示，效果如图 6-98 示。

图6-97　将"背景.jpg"拖入"视频1"轨道中

图6-98　画面效果

⑤ 单击"项目"面板下方的 ▣ （新建分项）按钮，从弹出的
快捷菜单中选择"字幕"命令，然后在弹出的"新建字幕"对话框
中保持默认参数设置，如图6-99所示。单击"确定"按钮，进入"字
幕01"字幕的设计窗口，如图6-100所示。

⑥ 打开配套光盘中的"素材及结果\第6章 字幕的应用\第
6 章 字幕的应用\6.5.5 制作游动字幕效果\text.txt"文件。然后
按快捷键〈Ctrl+A〉全选文字，再按快捷键〈Ctrl+C〉进行复制。

图6-99　"新建字幕"对话框

接着回到字幕设计窗口，选择工具箱中的 ▣ （垂直文字工具），在字幕设计窗口中单击，最后按快
捷键〈Ctrl+V〉进行粘贴，结果如图 6-101 所示。

图6-100　"字幕01"字幕的设计窗口

图6-101　粘贴文字后的效果

⑦ 此时字体显示不正确，这是因为当前字体不适合的原因。下面选中所有字体，在右侧"字幕属性"面板中设置"字体"为HYDaLiShuJ，"字体大小"为20，"行距"为25，"字距"为15，"色彩"为绿色（RGB(0, 255, 0)）。接着单击左侧工具栏中的 ▣（垂直居中）和 ▣（水平居中）按钮，结果如图6–102所示。

图6–102 调整字体属性后的效果

⑧ 制作文字的阴影效果。方法：选中文字，在右侧"字幕属性"面板中展开"阴影"选项，然后设置参数，如图6–103所示。

图6–103 添加文字阴影后的效果

⑨ 为了便于今后继续使用这种阴影样式，下面我们将该样式进行保存。方法：在字幕设计窗口中单击"字幕样式"面板右上角的■按钮，从弹出的快捷菜单中选择"新建样式"命令，然后在弹出的对话框中输入要保存的字幕样式的名称，如图 6-104 所示，单击"确定"按钮，此时该样式就被添加进"字幕样式"面板，如图 6-105 所示。

图6-104　输入字幕样式的名称　　　　　　图6-105　添加的字幕样式

2. 创建游动字幕

① 单击字幕设计窗口上方的■（滚动／游动选项）按钮，从弹出的"滚动／游动选项"对话框中选中"滚动"，并选中"开始于屏幕外"和"结束于屏幕外"复选框，如图 6-106 所示，单击"确定"按钮。

② 单击字幕设计窗口右上角的⊠按钮，关闭字幕设计窗口，此时创建的"字幕 01"字幕会自动添加到"项目"面板中。

③ 从"项目"面板中将"字幕 01"拖入"时间线"面板的"视频 1"轨道中，入点为 00:00:00:00，如图 6-107 所示。

图6-106　输入字幕样式的名称　　　　　　图6-107　添加的字幕样式

④ 至此，制作滚动字幕效果制作完毕，下面执行菜单中的"文件 | 导出 | 媒体"命令，将其输出为"滚动字幕效果.avi"文件。

6.5.6　制作底片效果

要点

本例将制作在照相机按下快门的一瞬间所产生的底片效果，如图6-108所示。通过本例的学习，读者应掌握设置素材持续时间、利用字幕制作取景框以及"闪光灯"和"反相"特效的综合应用。

图6-108　底片效果

操作步骤

1. 将素材放入时间线

① 启动 Premiere Pro CS4,然后单击"新建项目"按钮,新建一个名称为"底片效果"的项目,编辑模式为标准 48 kHz 的 DV-PAL 制的项目文件。

② 导入素材。方法:执行菜单中的"文件|导入"命令,导入配套光盘中的"素材及结果\第 6 章　字幕的应用 \6.5.6　制作底片效果\001.jpg"和"002.jpg"文件,此时"项目"面板如图 6-109 所示。

③ 将"项目"面板中的"001.jpg"素材拖入"时间线"面板的"视频 1"轨道中,入点为 00:00:00:00, 如图 6-110 所示。

图6-109　"项目"面板

图6-110　将"001.jpg"拖入"时间线"线的"视频1"轨道上

④ 修改"001.jpg"素材的持续时间。方法:选择"时间线"面板中的"001.jpg"素材,然后右击,从弹出的快捷菜单中选择"速度/持续时间"命令。接着在弹出的"素材速度/持续时间"对话框中设置"持续时间"为 00:00:01:05, 如图 6-111 所示。单击"确定"按钮,此时"时间线"面板,如图 6-112 所示。

图6-111　设置"持续时间"为00:00:01:05

图6-112　调整"持续时间"后的素材

⑤ 同理，将"项目"面板中的"002.jpg"素材拖入"时间线"面板的"视频 1"轨道中，使"001.jpg"和"002.jpg"素材首尾相接。然后将"002．jpg"素材的"持续时间"也设置为00:00:01:05，此时"时间线"面板分布，如图6-113所示。

图6-113　"时间线"面板

2. 创建取景框

① 新建"取景框"字幕。方法：单击"项目"面板下方的 ▣（新建分项）按钮，从弹出的快捷菜单中选择"字幕"命令，然后在弹出的"新建字幕"对话框中设置参数如图6-114所示。单击"确定"按钮，进入"取景框"字幕的设计窗口，如图6-115所示。

图6-114 新建"取景框"字幕

图6-115　"取景框"字幕的设计窗口

② 隐藏字幕背景。方法：在"取景框"字幕的设计窗口中单击"字幕"面板属性栏中的 ▣（显示背景视频）按钮，隐藏字幕背景，效果如图6-116所示。

图6-116　隐藏字幕背景后的效果

③　绘制取景框。方法：选择"字幕工具"面板中的　（直线工具），然后在"字幕"面板的编辑窗口中绘制线段，如图 6-117 所示。

图6-117　隐藏字幕背景后的效果

④　单击字幕设计窗口右上角的█按钮，关闭字幕设计窗口，此时创建的"取景框"字幕会自动添加到"项目"面板中，如图6-118所示。然后从"项目"面板中将"取景框"字幕拖入"时间线"面板的"视频3"轨道中。

⑤　将"取景框"字幕的时间长度设置为与"视频1"上的素材等长。方法：右击"时间线"面板中的"取景框"素材，然后从弹出的快捷菜单中选择"速度/持续时间"命令，接着在弹出的"素

材速度/持续时间"对话框中将"持续时间"设置为00:00:02:10,如图6-119所示,单击"确定"按钮,从而使"取景框"字幕的长度与"视频1"的素材等长,此时"时间线"面板分布,如图6-120所示。

图6-118 "项目"面板

图6-119 调整"取景框"字幕的持续时间

图6-120 "时间线"面板的分布

⑥ 制作取景框的闪光效果。方法:在"效果"面板中展开"视频特效"文件夹,然后选择"风格化"中的"闪光灯"特效,如图6-121所示。接着将其拖入"时间线"面板中的"视频3"轨道上的"取景框"素材上。最后在"特效控制台"面板中将"闪光灯"特效的"明暗闪动颜色"设置为黑色,如图6-122所示。此时在"节目"面板上单击▶按钮,即可看到取景框的黑白闪光效果,如图6-123所示。

图6-121 选择"闪光灯"特效

图6-122 将"明暗闪动颜色"设置为黑色

图6-123 取景框的黑白闪光效果

3．制作底片效果

① 制作"001.jpg"素材的底片效果。方法：从"项目"面板中将"001.jpg"素材拖入"时间线"面板的"视频 2"轨道中，入点为 00：00：00：21。然后右击该素材，从弹出的快捷菜单中选择"速度 / 持续时间"命令，接着在弹出的"素材速度 / 持续时间"对话框中将"持续时间"设置为 00：00：00：04，如图 6-124 所示。单击"确定"按钮，此时"时间线"面板分布，如图 6-125 所示。

图6-124 设置持续时间

图6-125 "时间线"面板的分布

② 在"效果"面板中展开"视频特效"文件夹，然后选择"通道"中的"反相"特效，如图 6-126 所示。接着将其拖入"时间线"面板中的"视频 2"轨道上的"001.jpg"素材上，效果如图 6-127 所示。

图6-126 选择"反相"命令

图6-127 "反相"效果

③ 制作"002.jpg"素材的底片效果。方法：从"项目"面板中将"002.jpg"素材拖入"时间线"面板的"视频2"轨道中，入点为00:00:01:21。然后将该素材的"持续时间"也设置为00:00:00:04，此时"时间线"面板分布，如图6-128所示。

图6-128 "时间线"面板的分布

④ 在"效果"面板中同样选择"通道"中的"反相"特效，然后将其拖入"时间线"面板中的"视频2"轨道上的"002.jpg"素材上，效果如图6-129所示。接着在"特效控制台"面板中展开"反相"特效的参数，将"通道"设置为"明亮度"，如图6-130所示，效果如图6-131所示。

图6-129 给"002.jpg"添加"反相"特效的效果

图6-130 将"通道"设置为"明亮度"

图6-131 将"通道"设置为"明亮度"的效果

⑤ 至此,整个底片效果制作完毕,下面执行菜单中的 "文件 | 导出 | 媒体" 命令, 将其输出为"底片效果.avi"文件。

课 后 练 习

1．填空题

（1）在 Premiere Pro CS4 中，可以通过设置"字幕属性"面板中的_____、_____、_____、_____和_____ 5 种参数来编辑文字效果。

（2）Premiere Pro CS4 的动态字幕分为_____和_____两种类型。

2．选择题

（1）Premiere Pro CS4 中有（　　）种预置字幕样式。

A．30　　　　　　　　B．45　　　　　　　　C．51　　　　　　　　D．55

（2）下列（　　）属于 Premiere Pro CS4 的填充类型。

A．线性渐变　　　　　B．放射渐变　　　　　C．残像　　　　　D．残像

3．问答题 / 上机题

（1）简述路径文本字幕的创建方法。

（2）利用配套光盘中的"课后练习 \ 第 6 章 \ 练习 1"中的相关素材制作图 6-132 所示的颜色渐变的字幕效果。

（3）利用配套光盘中的"课后练习 \ 第 6 章 \ 练习 2"中的相关素材制作图 6-133 所示的沿路径弯曲的文字效果。

图6-132　练习（2）的效果

图6-133　练习（3）的效果

第 7 章

获取和编辑音频

在现代影视节目的制作过程中，所有节目都会在后期编辑时添加适合的背景音效，从而使节目能够更加精彩、完美。Premiere Pro CS4 为用户提供了各种便捷的音频处理功能。通过本章学习，读者应掌握以下内容：

- 掌握导入和添加音频素材的方法；
- 掌握编辑音频素材的方法；
- 掌握分离和链接视音频的方法；
- 掌握音频过渡与音频特效的相关知识。

7.1 音频概述

人类能够听到的所有声音都可被称为音频、如说话声、歌声、乐器声和噪声等，但由于类型的不同，这些声响都具有一些自身的特性。

7.1.1 了解声音

声音是通过物体振动产生出来的，其中正在发生的物体被称为声源。由声源振动空气所产生的疏密波在进入人耳后，会通过振动耳膜产生刺激信号，并由此形成听觉感受，这便是人们"听"到声音的整个过程。

1. 不同类型的声音

声源在发出声音时的振动速度称为声音频率，是以 Hz 为单位进行测量的。通常情况下，人们能够听到的声音频率为 20 Hz ~ 20 kHz。按照内容、频率范围和时间领域的不同，可以将声音大致分为以下几种类型：

（1）自然音

自然音是指大自然的声音，如流水声、雷鸣声或风声等。

（2）纯音

当声音只由一种频率的声波所组成时，声源所发出的声音便称为纯音。

（3）复合音

复合音是由基音和泛音组合在一起形成的声音，即由多个不同频率声波构成的组合频率。复合音的产生原因是声源物体在进行整体振动的同时，其内部的组合部分也在振动而形成的。

（4）协和音

协和音是由两个单独的纯音组合而成的，但它与基音存在正比的关系。例如，当按下钢琴相差 8 度的音符时，两者听起来犹如一个音符，因此被称为协和音；如果按下相邻 2 度的音符，则听起来不融合，这种声音被称为不协和音。

（5）噪声

噪声是一种会引起人们烦躁或危害人体健康的声音，其主要来源于交通运输、车辆鸣笛、工作噪声和建筑施工等。

（6）超声波与次声波

音波的频率高于 20 kHz 时，被称为超声波；音波的频率低于 20 kHz 时，被称为次声波，

2．声音的三要素

人们从听觉心理上把声音归纳为响声、音高和音色 3 种不同的属性。

（1）响度

响度又称声强或音量，用于表示声音能量的强弱程度，主要取决于声波振幅的大小，振幅越大响度越大。声音的响度采用声压或声强来计量，单位为帕（Pa），与基准声压比值的对数值称为声压级，单位为分贝（dB）。

响度是听觉的基础，正常人听觉的强度范围在 0 ～ 140 dB 之间，当声音的频率超出人耳可听频率范围时，其响度为 0。

（2）音高

音高又称音调，用于表示人耳对声音高低的主观感受。音调由频率决定，频率越高音调越高。一般情况下，较大物体振动时的音调较低，较小物体振动时的音调较高。

（3）音色

音色又称音品，是由声音波形的谐波频谱和包络决定的。举例来说，当人们听到声音时，通常都能够辨别出是哪种类型的声音，其原因便在于不同声源在振动发声时产生的音色不同，因此会为人们带来不同的听觉印象。

7.1.2　音频信号的数字化处理技术

随着科学技术的发展，无论是广播电视、电影、音像公司、唱片公司还是个人录音棚，都在使用数字化技术处理音频信号。数字化正成为一种趋势，而数字化的音频处理技术也将拥有广阔的前景。

1．数字音频技术的概述

所谓数字音频，是指将声音信号数字化，并在数字状态下进行传送、记录、重放以及加工处理的一整套技术。与之对应的是，将声音信号在模拟状态下进行加工处理的技术，称为模拟音频技术。

　　模拟音频信号的声波振幅具有随时间连续变化的性质，音频数字化的原理就是将这种模拟信号按一定时间间隔取值，并将取值按照二进制编码进行表示，从而将连续的模拟信号变换为离散的数字信号的操作过程。

　　与模拟信号相比，数字音频拥有较低的失真率和较高的信噪比，能经受多次复制与处理而不会明显降低质量。在多声道音频领域中，数字音频还能够消除通道间的相位差。不过，由于数字音频的数字量较大，因此会提高存储与传输数据时的成本和复杂性。

2．数字音频技术的应用

　　由于数字音频在存储和传输方面拥有很多模拟音频无法比拟的技术优越性，因此数字音频技术已经广泛应用于音频制作过程中。

　　（1）数字录音机

　　数字录音机采用了数字化方式记录音频信号，因此能够实现很高的动态范围和极好的频率相应，抖晃率也低于可测量的极限。与模拟录音机相比，剪辑功能也有极大的增强和提高，还可以实现自动编辑。

　　（2）数字调音台

　　数字调音台除了具有 A/D 和 D/A 转换器外，还具有 DSP 处理器。在使用及控制方面，调音台附设有计算机磁盘记录、电视监视器，且各种控制器的调校程序、位置、电平、声源记录分组等均具有自动化功能，包括推拉电位器运动、均衡器、滤波器、压限器、输入、输出、辅助编组等，均由计算机控制。

　　（3）数字音频工作站

　　数字音频工作站是一种计算机多媒体技术应用到数字音频领域后的产物，它包括许多音频制作功能。多轨数字记录系统可以进行音乐节目录音、补录、搬轨及并轨使用，用户可以根据需要对轨道进行补充，从而能够更方便地进行音频、视频同步编辑等后期制作。

7.2　导入和添加音频素材

　　在视频编辑完成后，通常还要给编辑好的视频添加相应的音频。下面就来介绍导入和添加音频素材的方法。

7.2.1　导入音频素材

　　在 Premiere Pro CS4 中对音频素材进行编辑前，需要先将要导入到"项目"面板中的音频素材准备好，然后执行导入操作，将其导入到"项目"面板。导入音频素材的具体操作步骤如下：

　　① 执行菜单中的"文件|导入"命令（快捷键〈Ctrl+I〉）。

　　② 在弹出的"导入"对话框中选择要导入的音频素材，如图 7-1 所示，然后单击"打开"按钮，即可将其导入到"项目"面板中，如图 7-2 所示。

 提示

　　　　在"项目"面板的空白区域中双击，也可以弹出"导入"对话框。

图7-1　选择要导入的音频素材

图7-2　"项目"面板

7.2.2　在"时间线"面板中添加音频素材

在音频素材导入到"项目"面板后，下面需要将音频素材添加到"时间线"面板中才能对音频素材进行后面的编辑操作。在"时间线"面板中添加音频素材的具体操作步骤如下：

① 在"项目"面板中选择要添加到"时间线"面板中的音频素材。

② 将其拖入"时间线"面板的相应音频轨道中，此时音轨轨道上会出现一个矩形框，如图 7-3 所示。然后拖动矩形框，将音频素材放置到所需位置后，松开鼠标，即可将其添加到"时间线"面板中，如图 7-4 所示。

图7-3　将音频素材拖入"时间线"面板的相应音频轨道中

图7-4　添加到"时间线"面板中的音频素材

7.3 编辑音频素材

将所需音频素材添加到"时间线"面板后，接下来就可以对音频素材进行编辑了。下面就来讲解对音频素材进行编辑处理的常用操作方法。

7.3.1 调整音频持续时间和播放速度

和视频素材的编辑一样，在应用音频素材时，可以对其播放速度和时间长度进行修改设置。调整音频持续时间和播放速度的具体操作步骤如下：

① 在"时间线"面板中选择要调整的音频素材。

② 右击，从弹出的快捷菜单中选择"速度/持续时间"命令，然后在弹出的图7-5所示的"速度/持续时间"对话框中对音频的持续时间进行调整，此时将"速度"数值改为50%，如图7-6所示。

图7-5　"速度/持续时间"对话框　　　图7-6　将"速度"数值改为50%

💡 **提示**

当改变"速度"数值时，音频的播放速度就会发生改变，从而也可以使音频的持续时间发生改变，但改变后音频素材的节奏也同时被改变了。

③ 单击"确定"按钮，此时音频素材显示如图7-7所示。

图7-7　调整"速度"数值后的音频素

④ 在"时间线"面板中直接拖动音频的边缘，也可改变音频轨道中音频素材的长度，如图7-8所示。

图7-8　通过直接拖动音频的边缘的方法改变音频素材的长度

⑤ 利用 ![剃刀工具]（剃刀工具）可以将多余的音频部分切除掉，如图 7-9 所示。

图7-9　利用 ![剃刀工具]（剃刀工具）将多余的音频部分切除掉

7.3.2　调节音频增益

音频增益是指音频信号的声调高低，当一个视频片段同时拥有几个音频素材时，就需要平衡这几个素材的增益，如果一个素材的音频信号或高或低，就会严重影响播放时的音频效果。调节音频增益的具体操作步骤如下：

① 在"时间线"面板中选择需要调整的音频素材（此时选择的是"音频 2"轨道中的"02. MP3"），如图 7-10 所示。

图7-10　选择需要调整的音频素材

② 执行菜单中的"素材 | 音频选项 | 音频增益"命令，弹出"素材增益"对话框，如图 7-11 所示。然后将鼠标指针移动到对话框的数值上，当指针变为手形标记时，按下鼠标左键并左右拖动鼠标，此时增益值将被改变，如图 7-12 所示。

图7-11　"素材增益"对话框

图7-12　改变增益数值

③ 设置完成后单击"确定"按钮，此时在"素材源"面板中可以查看处理后的音频波形效果，如图 7-13 所示。

7.3.3　音频素材的音量控制

音频素材的音量可以通过以下两种方法来控制：

方法一：在"时间线"面板中选择需要调整音量的音频素材（此时选择的是"音频 1"轨道中的"01.MP3"），然后进入"特效控制台"面板，展开"音量"选项，接着通过调节"级别"的数值来控制音频素材的音量，如图 7-14 所示。

图7-13　查看处理后的音频波形效果

图7-14　通过调节"级别"的数值来控制音频素材的音量

方法二：在"时间线"面板中选择需要调整音量的音频素材（此时选择的是"音频 1"轨道中的"01.MP3"），然后单击音频轨道上的 ◈ （显示关键帧）按钮，从弹出的快捷菜单中选择"显示轨道关键帧"命令，如图 7-15 所示。接着通过单击 ▣ （添加－移除关键帧）按钮，为音频轨道添加关键帧，再通过拖动关键帧位置的方式即可控制音频素材的音量，如图 7-16 所示。

图7-15　选择"显示轨道关键帧"命令

图7-16　通过拖动关键帧位置的方式即可控制音频素材的音量

7.4　使用"调音台"面板

使用"调音台"面板可以对音频素材的播放效果进行编辑和实时控制。执行菜单中的"窗口 | 调音台"命令，可以调出"调音台"面板，如图 7-17 所示。

图7-17　"调音台"面板

该面板的主要参数解释如下：

- 音轨号：对应着"时间线"面板中的各个音频轨道。如果在"时间线"面板中添加一条音频轨道，则在"调音台"面板中也会显示出相应的音轨号。
- 左右声道平衡：将该按钮向左转用于控制左声道，向右转用于控制右声道，也可以在按钮下面的数值栏中直接输入数值来控制左右声道，如图 7-18 所示。
- 音量控制：将滑块向上拖动，可以调节音量的大小，旁边的刻度用来显示音量值，单位是 dB，如图 7-19 所示。
- 静音、独奏、录音：激活"静音"按钮，可以产生静音效果；激活"独奏"按钮，可以使其他音频轨道上的音频成静音效果，而只播放当前音频片段；激活"录音"按钮，可以进行录音控制，如图 7-20 所示。
- 播放控制：该栏按钮包括 、、![icon](播放 - 停止切换)、、 和 6 个按钮，如图 7-21 所示。通过这些按钮可以方便地对音频素材进行相关的操作。

图7-18　左右声道平衡

图7-19　音量控制

图7-20　静音、独奏、录音控制

图7-21　播放控制按钮

7.5　分离和链接视音频

在进行视频编辑的过程中，经常需要将"时间线"面板中的视音频链接素材中的视频和音频进行分离，或者将各自独立的视频和音频素材进行链接。下面就来具体讲解利用 Premiere Pro CS4 进行分离和链接视音频的方法。

1．分离视音频

分离视音频的具体操作步骤如下：

① 在"时间线"面板中选择要分离视音频的素材。

② 右击，从弹出的快捷菜单中选择"解除视音频链接"命令，即可将选定素材的视音频进行分离。

2．链接视音频

链接视音频的具体操作步骤如下：

① 在"时间线"面板中同时选择要进行链接的视频和音频。

② 右击，从弹出的快捷菜单中选择"链接视音频"命令，即可将视频和音频链接在一起。

7.6　音频过渡与音频特效

在制作影片的过程中，为音频素材添加音频过渡效果或音频特效，能够使音频素材间的连接更为自然、融洽，从而提高影片的整体质量。下面就来具体讲解在 Premiere Pro CS4 中利用系统内置的音频过渡和音频特效对音频素材进行修饰的方法。

7.6.1　应用音频过渡

与先前所介绍的视频切换效果相同，Premiere Pro CS4 将音频过渡也集中在"效果"面板中。在"效果"面板中展开"音频过渡"文件夹中的"交叉渐隐"文件夹，即可看到 Premiere Pro CS4 内置的"恒定功率"、"恒定增益"和"指数型淡入淡出"3 种音频过渡效果，如图 7-22 所示。

图7-22　"音频过渡"文件夹

在同一轨道中的两个音频之间可以添加一个音频过渡效果，默认的是"恒定功率"音频过渡，它可以使音频素材以逐渐减弱的方式过渡到下一个音频素材；而"恒定增益"音频过渡则可以使音频素材以逐渐增强的方式进行过渡；"指数型淡入淡出"视频过渡则可以使音频素材以指数的淡入淡出方式进行过渡。

应用音频过渡的具体操作步骤如下：

① 将两个音频素材拖入"时间线"面板的同一轨道中，并首尾相接，如图 7-23 所示。

图7-23 将两个音频素材拖入"时间线"面板的同一轨道中

② 在"效果"面板中展开"音频过渡"文件夹中的"交叉渐隐"文件夹，从中选择所需的音频过渡（此时选择的是"恒定增益"）。然后将其拖到"02.MP3"的开始处，即可完成音频过渡的添加，此时"时间线"面板如图 7-24 所示。

图7-24 将"恒定增益"音频特效拖到素材上

③ 在"时间线"面板中选择添加的"恒定增益"音频过渡，然后进入"特效控制台"面板，可以调整音频过渡的持续时间如图 7-25 所示。

图7-25 设置音频过渡的持续时间

7.6.2 应用音频特效

音频特效的作用与视频特效一样，主要用来创作特殊的音频效果，Premiere Pro CS4 将音频特效集中在"效果"面板的"音频过渡"文件夹中，并按种类分为"5.1 声道"、"立体声"和"单声道"3 种类型，如图 7-26 所示。

图7-26 "音频特效"文件夹

在这 3 种音频特效的类型中，"立体声"是最为常见的一种，该类型包括 30 种音频特效，如图 7-27 所示。下面就来介绍"立体声"音频特效中比较常见的几种特效。

- 多功能延迟：用于产生多重延迟效果，可以对音频素材中的原始音频添加多达 4 次回声。

- EQ：类似一个变量均衡器，可以使用多频段来控制频率、带宽以及电平。

- 低通：用于删除高于指定频率界限的频率。

- 低音：用于产生低音效果，允许增加或减少较低的频率（等于或小于 200 Hz）。

- 平衡：用于平衡音频素材内的左右声道。

- 使用右声道：用于将右声道中的音频信号复制并替换左声道中的音频信号。

- 使用左声道：用于将左声道中的音频信号复制并替换右声道中的音频信号。

- 互换声道：用于交换左右声道的效果。

- 去除指定频率：用于删除接近指定频率的声音。

- 参数均衡：用于增大或减小与指定中心频率接近的频率。

- 延迟：用于产生延迟效果，可以设置原始声音和回声之间的时间，最大可设置为 2 s。

- 音量：在编辑影片的过程中，如果要在标准特效之前渲染音量，则应当使用"音量"音频特效代替默认的音量调整选项。"音量"音频特效可以提高音频电平而不被修剪，只有当信号超过硬件允许的动态范围时才会出现修剪，这时往往导致失真的音频。正值表示增加音量，而负值表示减小音量。

- 高通：用于删除低于指定频率界限的频率。

- 高音：用于产生高音效果，允许增加或减少较高的频率（4 000 Hz 或更高）。

图7-27 "立体声"音频特效

应用音频特效的方法和应用视频特效的方法相同，只要将音频特效拖到"时间线"面板中相应的音频素材上即可。

课 后 练 习

1．填空题

(1) 在"时间线"面板中选择要分离视音频的素材。然后右击，从弹出的快捷菜单中选择_____命令，即可将选定素材的视音频进行分离。

(2) Premiere Pro CS4 的音频特效按种类分为_____、_____和_____3 种类型。

2．选择题

(1) 下列 (   ) 属于 Premiere Pro CS4 中的音频过渡类型。

A．恒定功率　　　　B．恒定增益　　　　C．恒定音频　　　　D．指数型淡入淡出

(2) 导入音频素材的关键是 (   )。

A．〈Ctrl+D〉　　　B．〈Ctrl+E〉　　　C．〈Ctrl+I〉　　　D．〈Ctrl+V〉

3．问答题

(1) 简述分离和链接视音频的方法。

(2) 简述添加音频过渡的方法。

(3) 简述添加音频特效的方法。

第 8 章

视频影片的输出

当视频、音频素材编辑完成后，接下来就可对编辑好的项目进行输出，将其发布为最终作品。将项目文件编辑好之后，针对不同的要求，Premiere Pro CS4 提供了媒体、Adobe 剪辑注释、字幕、输出到磁带、输出到 EDL（L）和输出为 OMF 等几种输出设置，以输出不同的文件类型。通过本章学习，读者应掌握以下内容：

- ■掌握输出影片的方法；
- ■掌握输出单帧画面的方法；
- ■掌握单独输出音频的方法。

8.1　输出影片

在影片编辑完成后，通过菜单中的"导出"命令和 Adobe Media Encoder 软件，可以将在"时间线"面板中编辑好的内容输出为完整的影片，具体操作步骤如下：

①　在"时间线"面板中对素材进行编辑后，执行菜单中的"文件 | 导出 | 媒体"命令，弹出"导出设置"对话框，如图 8-1 所示。

图8-1　"导出设置"对话框

"导出设置"对话框中主要参数的含义如下：

● 格式：在右侧的下拉列表中可以根据需要选择要输出的文件格式，如图 8-2 所示。

● 预置：在右侧的下拉列表中可以选择软件预置的文件导出格式，如图 8-3 所示。

图8-2　"格式"下拉列表　　　　　　　图8-3　"预置"下拉列表

● 视频编解码器：在右侧的下拉列表中可以选择不同的影片压缩的编解码器，如图 8-4 所示。相对于选用的输出格式不同，对应的解码器也不同。

● 基本设置：用于设置影片的品质、帧速率和场类型等参数。

● 高级设置：用于设置影片的关键帧、扩展静帧图像等参数。

② 单击"输出名称"后的链接，然后在弹出的"另存为"对话框中设置导出文件的名称和路径，如图 8-5 所示，单击"保存"按钮，回到"导出设置"对话框。

图8-4　"视频编解码器"下拉列表　　　图8-5　设置导出文件的名称和路径

③ 在"导出设置"对话框中单击"确定"按钮，此时会自动启动 Adobe Media Encoder 软件。

④ 在启动的 Adobe Media Encoder 软件窗口中可以看到文件导出的任务列表，如图 8-6 所示。

图8-6　Adobe Media Encoder软件窗口

⑤ 单击"开始队列"按钮，即可输出媒体文件，如图 8-7 所示。

图8-7　导出媒体文件

⑥ 输出完成后的界面如图 8-8 所示。

图8-8　输出完成后的界面

8.2 输出单帧画面

有时在输出项目文件时，需要将项目中的某一帧画面输出为静态图片文件，例如，对影片项目中设置出的视频特效画面进行取样等。输出单帧画面的具体操作步骤如下：

① 创建一个新项目，然后在"时间线"面板中对素材进行编辑后，将时间滑块拖动到需要输出的帧的位置（此时为 00:01:03:00 处），如图 8-9 所示。

② 在"节目"面板中预览目前帧的画面，确定需要输出的内容画面，如图 8-10 所示。

图8-9　时间线拖动到需要输出的帧的位置

图8-10　在"节目"面板中预览
目前帧的画面

③ 执行菜单中的"文件|导出|媒体"命令，然后在弹出的"导出设置"对话框的"格式"下拉列表中选择"Windows 位图"格式，如图 8-11 所示。接着设置好"输出名称"后，单击"确定"按钮，此时会自动启动 Adobe Media Encoder 软件。

图8-11　选择"Windows 位图"格式

④ 在启动的 Adobe Media Encoder 软件窗口中单击"开始序列"按钮，即可输出单帧画面。

8.3 单独输出音频

使用 Premiere Pro CS4 除了可以将项目文件输出为影片文件和单帧图片外，还可以将项目片断中的音频部分单独输出为所要类型的音频文件，具体操作步骤如下：

① 在一个编辑好音频内容的项目文件中，执行菜单中的"文件 | 导出 | 媒体"命令。然后在弹出的"导出设置"对话框的"格式"下拉列表中选择"Windows 波形"格式，如图 8-12 所示，接着设置好"输出名称"。

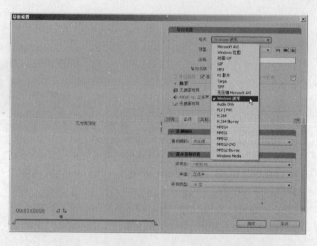

图8-12 选择"Windows 波形"格式

② 选择"音频"选项卡，然后对音频文件的压缩模式、样品速率等基本属性进行设置，如图 8-13 所示。

③ 设置完毕后，单击"确定"按钮，此时会自动启动 Adobe Media Encoder 软件。

④ 在启动的 Adobe Media Encoder 软件窗口中单击"开始队列"按钮，即可将编辑好的文件以音频形式输出。

图8-13 "波形"选项卡

课 后 练 习

问答题

（1）简述输出影片的方法。

（2）简述输出单帧画面的方法。

（3）简述单独输出视频的方法。

第 9 章

综合实例

通过前面 8 章的学习，读者已经掌握了 Premiere Pro CS4 相关的基础知识。本章将综合利用前面 8 章的知识，制作两个综合实例。通过本章学习，读者应能够独立完成相关的剪辑操作。

■ 制作伴随着打字声音的打字效果；
■ 制作配乐诗词效果。

9.1 制作伴随着打字声音的打字效果

要点

本例将利用 3 种方法来制作影视中常见的伴随着打字声音的打字效果，如图 9-1 所示。通过本例的学习，读者应掌握多序列、"裁剪"和"8 点无用信号遮罩"视频特效，以及添加音频的应用。

图9-1 伴随着打字声音的打字效果

操作步骤

1．制作伴随着打字声音的打字效果方法 1

（1）创建字幕

① 启动 Premiere Pro CS4，单击"新建项目"按钮，新建一个名称为"伴随着打字声音的大字效果"的项目，编辑模式为标准 48 kHz 的 DV-PAL 制的项目文件。

② 单击"项目"面板下方的 ▣（新建分项）按钮，从弹出的快捷菜单中选择"字幕"命令，然后在弹出的"新建字幕"对话框中保持默认参数设置，如图 9-2 所示，单击"确定"按钮，进入"字幕 01"字幕的设计窗口。

图9-2 "新建字幕"对话框

③ 打开配套光盘中的"素材及结果\第9章 综合实例\9.1 制作伴随着打字声音的打字效果\文字.txt"文件,如图9-3所示。然后按快捷键〈Ctrl+A〉全选文字,再按快捷键〈Ctrl+C〉进行复制。接着回到字幕设计窗口,选择工具箱中的 T（文字工具）,在字幕设计窗口中拖拉出一文字区域,最后按快捷键〈Ctrl+V〉进行粘贴,结果如图9-4所示。

图9-3 打开"文字.txt"文件

图9-4 粘贴文字后的效果

④ 此时字体会出现乱码现象,这是因为字体不正确的原因,下面选中文字,然后在右侧的"字幕属性"面板中设置"字体"设为HYDaHeiJ,"字体大小"设为35,"行距"设为20即可。接着单击左侧"字幕动作"面板中的 （垂直居中）和 （水平居中）按钮,将文字居中对齐,结果如图9-5所示。

⑤ 单击字幕设计窗口右上角的 按钮,关闭字幕设计窗口,此时创建的"字幕01"字幕会自动添加到"项目"面板中,如图9-6所示。

图9-5 调整文字属性后的效果

图9-6 "项目"面板

（2）制作第 1 行文字的打字效果

① 从"项目"面板中将"字幕 01"拖入"时间线"面板的"视频 1"轨道中，入点为 00:00:00:00，出点为 00:00:12:00，如图 9-7 所示。

② 在"效果"面板中展开"视频特效"文件夹，然后选择"变换"中的"裁剪"特效，如图 9-8 所示。接着将其拖入"时间线"面板"视频 1"轨道中的"字幕 01"素材上。

图9-7　"时间线"面板　　　　　　　图9-8　选择"裁剪"特效

③ 制作只显示第 1 行文字的效果。方法：选择"视频 1"轨道中的"字幕 01"字幕素材，然后在"效果控制台"面板中将"裁剪"特效"底部"数值设置为 60.0%，如图 9-9 所示。

图9-9　将"裁剪"特效的"底部"数值设置为60.0%的效果

④ 制作第1行文字逐个出现的效果。方法:从"效果"面板中将"裁剪"特效再次拖到"时间线"面板的"字幕 01"素材上，从而给它添加第 2 个"裁剪"特效。然后将时间滑块移动到 00:00:00:00 的位置，在"效果控制台"面板中单击第 2 个"裁剪"特效中"右侧"前面的 按钮，插入关键帧，并将数值设置为 90%，如图 9-10 所示。接着将时间滑块移动到 00:00:03:00 的位置，将"右侧"的数值设置为 9%，如图 9-11 所示。

⑤ 在"节目"面板上单击 按钮，即可看到第 1 行文字逐个出现的效果，如图 9-12 所示。

图 9-10　在 00:00:00:00 的位置插入"右侧"的关键帧，并将数值设置为 90.0%

图 9-11　在 00:00:03:00 的位置将"右侧"的数值设置为 9.0%

图9-12　第1行文字逐个出现的效果

（3）制作第 2 行文字的打字效果

①　从"项目"面板中将"字幕 01"拖入"时间线"面板的"视频 2"轨道中，入点为 00:00:03:00，出点为 00:00:12:00（即与"视频 1"中的"字幕 01"素材结尾对齐），如图 9-13 所示。

②　将"视频 1"轨道中的"字幕 01"字幕素材的两个"裁剪"特效复制给"视频 2"轨道中的"字幕 01"字幕素材。方法：选中"视频 1"轨道中的"字幕 01"字幕素材，然后在"效果控制台"面板中选择两个"裁剪"特效，按快捷键〈Ctrl+C〉进行复制。接着激活"视频 2"轨道，使之高亮显示，再选择"视频 2"轨道中的"字幕 01"素材，将时间滑块定位在 00:00:03:00 的位置，

在"效果控制台"面板中按快捷键〈Ctrl+V〉进行粘贴。最后修改粘贴后的第 1 个"裁剪"参数，将"顶部"的数值设置为 40.0%，将"底部"的数值设置为 52.0%，如图 9-14 所示。

③ 在"节目"面板上单击▶按钮，即可看到第 2 行文字逐个出现的效果，如图 9-15 所示。

图9-13　将"字幕01"拖入"视频2"轨道中

图9-14　修改粘贴后的第1个"裁剪"特效的"顶部"和"底部"参数

图9-15　第2行文字逐个出现的效果

（4）制作第 3 行文字的打字效果

① 从"项目"面板中将"字幕 01"拖入"时间线"面板的"视频 3"轨道中，入点为 00:00:06:00，出点也为 00:00:12:00（即与"视频 2"中的"字幕 01"素材结尾对齐），如图 9-16 所示。

② 激活"视频 3"轨道，使之高亮显示，再选择"视频 3"轨道中的"字幕 01"素材，将时间滑块定位在 00:00:06:00 的位置，在"效果控制台"面板中按快捷键〈Ctrl+V〉进行粘贴。最后修改粘贴后的第 1 个"裁剪"参数，将"顶部"的数值设置为 49.0%，将"底部"的数值设置为 42.0%，如图 9-17 所示。

图9-16　将"字幕01"拖入"视频3"轨道中

图9-17　修改粘贴后的第1个"裁剪"特效的"顶部"和"底部"参数

③ 在"节目"面板上单击▶按钮，即可看到第3行文字逐个出现的效果，如图9-18所示。

图9-18　第3行文字逐个出现的效果

（5）制作第4行文字的打字效果

① 从"项目"面板中将"字幕01"拖入"时间线"面板的"视频3"的上方，此时会自动产生一个"视频4"轨道，然后将拖入该轨道的"字幕01"的入点设置为00:00:09:00，出点也为00:00:12:00（即与"视频3"中的"字幕01"素材结尾对齐），如图9-19所示。

② 激活"视频4"轨道，使之高亮显示，再选择"视频4"轨道中的"字幕01"素材，将时间滑块定位在00:00:09:00的位置，在"效果控制台"面板中按快捷键〈Ctrl+V〉进行粘贴。最后修改粘贴后的第1个"裁剪"参数，将"顶部"的数值设置为58.0%，将"底部"的数值设置为0.0%，如图9-20所示。

图9-19　将"字幕01"拖入"视频4"轨道中

图9-20　修改粘贴后的第1个"裁剪"特效的"顶部"和"底部"参数

③ 在"节目"面板上单击 ▶ 按钮，即可看到第 4 行文字逐个出现的效果，如图 9-21 所示。

图9-21　第4行文字逐个出现的效果

（6）添加打字声音

① 执行菜单中的"文件 | 导入"（快捷键〈Ctrl+I〉）命令，导入配套光盘中的"素材及结果 \ 第 9 章 综合实例 \9.1 制作伴随着打字声音的打字效果 \ 打字声音 . wav"文件。

② 从"项目"面板中将导入的"打字声音 . wav"拖入时间线音频轨道上，入点为00:00:00:00，如图 9-22 所示。

③ 至此，整个伴随着打字声音的打字效果制作完毕，下面执行菜单中的"文件 | 导出 | 媒体"命令，将其输出为"伴随着打字声音的打字效果 . avi"文件。

图9-22　添加"打字声音.wav"后的"时间线"面板

2．制作伴随着打字声音的打字效果方法2

上面这种方法使用了4个轨道，如果遇到文字的行数较多，制作起来占用的轨道数会很多，这样不是很方便。此时可以采用下面这种只使用了两个轨道的制作方法，具体制作步骤如下：

（1）创建"序列02"

① 单击"项目"面板下方的 🔲（新建分项）按钮，从弹出的快捷菜单中选择"序列"命令，如图9-23所示。

② 在弹出的"新建序列"对话框中设置参数，如图9-24所示，单击"确定"按钮，进入"序列02"的编辑状态，此时"项目"面板如图9-25所示 。

图9-23　选择"序列"命令　　　　图9-24　设置"序列02"的参数　　　　图9-25　"项目"面板

（2）制作第1行文字的打字效果

① 从"项目"面板中将"字幕01"拖入"时间线"面板的"视频1"轨道中，入点为00:00:00:00，出点为00:00:03:00，如图9-26所示。

② 在"效果"面板中展开"视频特效"文件夹，然后选择"变换"中的"裁剪"特效，如图9-27所示。接着将其拖入"时间线"面板"视频1"轨道中的"字幕01"素材上。

图9-26 将"字幕01"拖入"视频1"轨道中

图9-27 选择"裁剪"特效

③ 制作只显示第 1 行文字的效果。方法：选择"视频 1"轨道中的"字幕 01"字幕素材，然后在"效果控制台"面板中将"裁剪"特效"底部"数值设置为 60.0%，如图 9-28 所示。

图9-28 将"裁剪"特效的"底部"数值设置为60.0%

④ 制作第 1 行文字逐个出现的效果。方法：从"效果"面板中将"裁剪"特效再次拖到"时间线"面板的"字幕 01"素材上，从而给它添加第 2 个"裁剪"特效。然后将时间滑块移动到 00:00:00:00 的位置，在"效果控制台"面板中单击第 2 个"裁剪"特效中"右侧"前面的 ○ 按钮，插入关键帧，并将数值设置为 90%，如图 9-29 所示。接着将时间滑块移动到 00:00:03:00 的位置，将"右侧"的数值设置为 9%，如图 9-30 所示。

图 9-29 在 00:00:00:00 设置"右侧"的关键帧

图 9-30 在 00:00:03:00 设置"右侧"的关键帧

⑤ 在"节目"面板上单击▶按钮，即可看到第 1 行文字逐个出现的效果，如图 9-31 所示。

图9-31　第1行文字逐个出现的效果

（3）制作第 2～4 行文字的打字效果

① 选中"时间线"面板"视频 1"轨道中的"字幕 01"素材，然后按快捷键〈Ctrl+C〉进行复制，接着依次在 00:00:03:00、00:00:06:00 和 00:00:09:00 处，按快捷键〈Ctrl+V〉进行粘贴，如图 9-32 所示。

图9-32　粘贴"字幕01"素材后的"时间线"面板

② 选中"视频 1"轨道中的第 2 段"字幕 01"素材，然后在"特效控制台"面板中将第 1 个"裁剪"特效的"顶部"数值设置为"40.0%"，将"底部"数值设置为"52.0%"，如图 9-33 所示，从而只显示出第 2 行文字。接着在"节目"面板上单击▶按钮，即可看到第 2 行文字逐个出现的效果，如图 9-34 所示。

图9-33　修改"顶部"和"底部"参数　　　　图9-34　看到第2行文字逐个出现的效果

③ 选中"视频 1"轨道中的第 3 段"字幕 01"素材，然后在"特效控制台"面板中将第 1 个"裁剪"特效的"顶部"数值设置为"49.0%"，将"底部"数值设置为"42.0%"，如图 9-35 所示，从而

只显示出第 3 行文字。接着在"节目"面板上单击▶按钮，即可看到第 3 行文字逐个出现的效果，如图 9-36 所示。

图9-35　修改"顶部"和"底部"
　　　　参数

图9-36　看到第3行文字逐个出现的效果

④ 选中"视频 1"轨道中的第 4 段"字幕 01"素材，然后在"特效控制台"面板中将第 1 个"裁剪"特效的"顶部"数值设置为"58%"，将"底部"数值设置为"0%"，如图 9-37 所示，从而只显示出第 4 行文字。接着在"节目"面板上单击▶按钮，即可看到第 4 行文字逐个出现的效果，如图 9-38 所示。

图9-37　修改"顶部"和"底部"
　　　　参数

图9-38　看到第4行文字逐个出现的效果

（4）制作打过的文字不消失的效果

此时文字换入下一行后，前面的文字便消失了，这是不正常的，下面就来解决这个问题。具体步骤如下。

① 选中"视频 1"轨道中的第 1 段"字幕 01"素材，按快捷键〈Ctrl+C〉进行复制，然后选中"视频 2"轨道使其高亮显示，接着将时间线滑块移动到 00:00:03:00 的位置，按快捷键〈Ctrl+V〉进行粘贴，如图 9-39 所示。最后选中粘贴后的素材，在"特效控制台"面板中将第 2 个"裁剪"特效进行删除。此时在"节目"面板上单击▶按钮，即可看到，在第 1 行文字不消失的情况下，第 2 行文字逐个出现的效果，如图 9-40 所示。

② 选中"视频 2"轨道上的第 2 段素材，按快捷键〈Ctrl+C〉进行复制，然后选中"视频 2"使其高亮显示，接着将时间滑块移动到 00:00:06:00 的位置，按快捷键〈Ctrl+V〉进行粘贴，如图 9-41 所示。最后选中粘贴后的素材，在"特效控制台"面板中将第 2 个"裁剪"特效进行删除，

并将第 1 个"裁剪"特效中的"顶部"的数值设置为 0.0%,"底部"的数值设置为 52.0%,如图 9-42 所示。此时在"节目"面板上单击▶按钮,即可看到,在第 1、2 行文字不消失的情况下,第 3 行文字逐个出现的效果,如图 9-43 所示。

图 9-39　在"视频 2"的 00:00:03:00 的位置粘贴"字幕 01"素材后的"时间线"面板

图 9-40　在第 1 行文字不消失的情况下,第 2 行文字逐个出现的效果

图 9-41　在 00:00:06:00 的位置粘贴"字幕 01"素材　　图 9-42　修改"顶部"和"底部"参数

图 9-43　在第 1、2 行文字不消失的情况下,第 3 行文字逐个出现的效果

③ 选中"视频 1"轨道上的第 3 段"字幕 01"素材,按快捷键〈Ctrl+C〉进行复制,然后选中"视频 2"使其高亮显示,接着将时间线滑块移动到 00:00:09:00 的位置,按快捷键〈Ctrl+V〉

进行粘贴，如图 9-44 所示。最后选中粘贴后的素材，在"特效控制台"面板中将第 2 个"裁剪"特效进行删除，并将第 1 个"裁剪"特效中的"顶部"的数值设置为 0.0%，"底部"的数值设置为 42.0%，如图 9-45 所示。此时在"节目"面板上单击 ▶ 按钮，即可看到，在第 1～3 行文字不消失的情况下，第 4 行文字逐个出现的效果，如图 9-46 所示。

图 9-44　在 00;00;09;00 的位置粘贴"字幕 01"素材　　图 9-45　修改"顶部"和"底部"参数

图9-46　在第1~3行文字不消失的情况下，第4行文字逐个出现的效果

（5）添加打字声音

① 从"项目"面板中将导入的"打字声音.wav"拖入时间线音频轨道上，入点为 00;00;00;00，如图 9-47 所示。

图9-47　添加"打字声音.wav"后的"时间线"面板

② 至此，整个伴随着打字声音的打字效果制作完毕，下面执行菜单中的 "文件|导出|媒体"命令，将其输出为"伴随着打字声音的打字效果.avi"文件。

3．制作伴随着打字声音的打字效果方法3

前面两种打字方法使用的是"裁剪"视频特效，下面将使用一种新的"8 点无用信号遮罩"视频特效来制作打字效果，具体操作步骤如下：

（1）创建"序列03"

① 单击"项目"面板下方的 回（新建分项）按钮，从弹出的快捷菜单中选择"序列"命令，然后在弹出的"新建序列"对话框中设置参数，如图9-48所示。单击"确定"按钮，进入"序列03"的编辑状态，此时"项目"面板如图9-49所示 。

图9-48　设置"序列02"的参数

图9-49　　"项目"面板

② 从"项目"面板中将"字幕01"拖入"时间线"面板的"视频1"轨道中，入点为00：00：00：00，出点为00：00：12：00，如图9-50所示。

图9-50　将"字幕01"拖入"视频1"轨道中

（2）制作第1行文字逐个出现的效果

① 在"效果"面板中展开"视频特效"文件夹，然后选择"键控"中的"8点无用信号遮罩"特效，如图9-51所示。接着将其拖入"时间线"面板"视频1"轨道中的"字幕01"素材上。

② 选中"时间线"面板中的"字幕01"素材，然后在"特效控制台"面板中将时间滑块移动到00：00：00：00的位置，再将"上中切点"的数值设置为(720.0,0.0)。接着分别单击"右上顶点"、"右中切点"、"下右顶点"和"下中切点"前的 回 按钮，插入关键帧。最后将"右上顶点"的数值设置为(720.0,180.0)，将"右中切点"的数值设置为(70.0,180.0)，将"下右顶点"的数值设置为(70.0,225.0)，将"下中切点"的数值设置为(0.0,225.0)，如图9-52所示。

图9-51 选择"8点无用信号遮罩"
特效

图9-52 "项目"面板

③ 为了使第1行文字出现后能够马上转入第2行,下面需要修改"右上顶点"和"右中切点"的关键帧属性。方法:分别右击"右上顶点"和"右中切点"处的关键帧,从弹出的快捷菜单中选择"临时内插值 | 保持"命令,如图9-53所示。

 提示

如果不改变关键帧的属性,则会出现图9-54所示的错误。

图9-53 选择"临时内插值|保持"命令

图9-54 更改后的关键帧显示

④ 将时间线滑块移动到 00:00:02:24 的位置,将"右中切点"的数值设置为(650.0,180.00),将"下右切点"的数值设置为(650.0,225.0),如图9-55所示。

图9-55 在00:00:02:24调整"右中切点"和"下右切点"的数值

（3）制作第 2 行文字逐个出现的效果

① 将时间滑块移动到 00:00:03:00 的位置，将"右上顶点"的数值设置为(720.0,225.0),将"右中切点"的数值设置为 (70.0,225.0)，将"下右顶点"的数值设置为(70.0,280.0)，"下中切点"的数值设置为 (0.0,280.0)，如图 9-56 所示。

图 9-56　在 00:00:03:00 调整"8 点无用信号遮罩"的关键帧参数

② 将时间线滑块移动到 00:00:05:24 的位置，将"右中切点"的数值设置为(650.0,180.0),将"下右切点"的数值设置为(650.0,225.0)，如图 9-57 所示。

图9-57　在00:00:05:24调整"右中切点"和"下右切点"的数值

（4）制作第 3 行文字逐个出现的效果

① 将时间滑块移动到 00:00:06:00 的位置，将"右上顶点"的数值设置为(720.0,280.0),将"右中切点"的数值设置为(70.0,280.0)，将"下右顶点"的数值设置为(70.0,335.0)，"下中切点"的数值设置为(0.0,335.0)，如图 9-58 所示。

② 将时间线滑块移动到 00:00:08:24 的位置，将"右中切点"的数值设置为(650.0,280.0),将"下右顶点"的数值设置为(650.0,335.0)，如图 9-59 所示。

图9-58 在00:00:06:00调整"8点无用信号遮罩"的关键帧参数

图9-59 在00:00:08:24调整"右中切点"和"下右顶点"的数值

（5）制作第4行文字逐个出现的效果

① 将时间滑块移动到00:00:09:00的位置，将"右上顶点"的数值设置为（720.0,335.0），将"右中切点"的数值设置为（70.0,335.0），将"下右顶点"的数值设置为（70.0,390.0），"下中切点"的数值设置为（0.0,390.0），如图9-60所示。

图9-60 在00:00:06:00调整"8点无用信号遮罩"的关键帧参数

② 将时间线滑块移动到 00:00:11:24 的位置，将"右中切点"的数值设置为 (650.0, 335.0)，将"下右顶点"的数值设置为 (650.0, 390.0)，如图 9-61 所示。

图9-61　在00:00:11:24调整"右中切点"和"下右顶点"的数值

（6）添加打字声音

① 从"项目"面板中将导入的"打字声音.wav"拖入时间线音频轨道上，入点为 00:00:00:00，如图 9-62 所示。

图9-62　添加"打字声音.wav"后的"时间线"面板

② 至此，整个伴随着打字声音的打字效果制作完毕，下面执行菜单中的 "文件|导出|媒体"命令，将其输出为"伴随着打字声音的打字效果.avi"文件。

9.2　制作配乐诗词效果

要点

本例将制作静态图片产生镜头拉伸和文字遮罩的动画效果，如图 9-63 所示。通过本例的学习，读者应掌握设置图像默认持续时间、"径向划像"视频切换特效、"颜色键"视频特效、透明度的变化、黑场视频和通用倒计时片头的综合应用。

图9-63 配乐诗词效果

 操作步骤

1. 编辑图片素材

① 新建项目文件。方法：启动 Premiere Pro CS4，然后单击"新建项目"按钮，如图 9-64 所示。接着在弹出的"新建项目"对话框中输入"名称"为"制作配乐诗词效果"，如图 9-65 所示，单击"确定"按钮。最后在弹出的"新建序列"对话框中进入"常规"选项卡，设置参数如图 9-66 所示，单击"确定"按钮。

图9-64 单击"新建项目"按钮

图9-65 输入名称

图9-66 "新建序列"对话框

② 为了便于下面操作，下面将静态图片默认长度设为5s。方法：执行菜单中的"编辑|参数|常规"命令，在弹出的对话框中设置"静帧图像默认持续时间"为125帧，如图9-67所示。然后在"参数"对话框左侧选择"媒体"，再在右侧将"不确定的媒体时间基准"设置为25.00 fps，如图9-68所示，单击"确定"按钮。

> **提示**
> 由于前面设置的"时间基准"为30帧/s，因此150帧正好是5 s。

图9-67 设置"静帧图像默认持续时间"
为150帧

图9-68 将"不确定的媒体时间基准"设置
为25.00fps

③ 导入素材图片。方法：执行菜单中的"文件|导入"（快捷键〈Ctrl+I〉）命令，在弹出的对话框中选择配套光盘中的"素材及结果\第9章 综合实例\9.2 制作配乐诗词效果\图片001.jpg"、"图片002.jpg"、"文字1.jpg"和"文字2.jpg"文件，单击"打开"按钮，将其导入"项目"面板，如图9-69所示。

> **提示**
> 由于前面进行了设置，此时4张静态图片的默认时间长度均为5秒。

④ 在"项目"面板中依次选择"图片001.jpg"和"图片002.jpg"素材，然后将它们拖入"时间线"面板的"视频1"轨道中，入点为00:00:00:00，如图9-70所示。

⑤ 制作"图片001.jpg"素材的镜头拉伸效果。方法：选择"时间线"面板口中"图片001.jpg"素材，然后在"特效控制台"面板中展开"运动"选项。再将"时间线"面板移动到00:00:00:00的位置，单击"缩放比例"选项前的 按钮，在此处添加一个关键帧，如图9-71所示。接着将"时间线"面板移动到00:00:05:00的位置，单击 按钮，添加一个新的"缩放比例"关键帧，并将数值设置为90.0，如图9-72所示。

图9-69　"项目"面板

图9-70　将"图片001.jpg"和"图片002.jpg"素材拖入"时间线"面板

图9-71　在00:00:00:00处添加"缩放比例"关键帧

图9-72　在00:00:05:00处设置"缩放比例"参数

⑥ 在"节目"面板中单击 ▶ 按钮，即可看到"图片001.jpg"素材镜头拉伸效果，如图9-73所示。

镜头拉伸前　　　　　　　　　　　　　　　　镜头拉伸后

图9-73　"图片001.jpg"素材镜头拉伸效果

⑦ 同理，制作"图片002.jpg"素材的镜头拉伸效果。方法：选择"时间线"面板口中"图片002.jpg"素材，然后在"特效控制台"面板中展开"运动"选项。再将"时间线"面板移动到00:00:05:00的位置，单击"缩放比例"选项前的 ◎ 按钮，在此处添加一个关键帧，如图9-74所示。接着将"时间线"面板移动到00:00:10:00的位置，单击 ▾ 按钮，添加一个新的"缩放比例"关键帧，并将数值设置为90.0，如图9-75所示。最后在"节目"面板中单击 ▶ 按钮，即可看到"图片002.jpg"素材镜头拉伸效果，如图9-76所示。

图9-74　在00:00:05:00处添加
"缩放比例"关键帧

图9-75　在00:00:10:00处设置
"缩放比例"参数

镜头拉伸前　　　　　　　　　　　　　　　　镜头拉伸后

图9-76　"图片002.jpg"素材镜头拉伸效果

⑧ 重新设置"图片001.jpg"素材的持续时间为10 s。方法：从"项目"面板中再次将"图片001.jpg"拖入"时间线"面板的"视频1"轨道中，入点为00:00:10:00，然后右击该素材，从弹出的快捷菜单中选择"速度/持续时间"命令。接着在弹出的对话框中设置参数如图9-77所示，单击"确定"按钮，此时"时间线"面板如图9-78所示。

图9-77　设置"图片001.jpg"的持续时间　　　　　图9-78　"时间线"面板

⑨ 同理，重新设置"图片002.jpg"素材的持续时间为10 s。方法："项目"面板中再次将"图片002.jpg"拖入"时间线"面板的"视频1"轨道中，入点为00:00:20:00，并将该素材的"速度/持续时间"设为10 s，此时"时间线"面板如图9-79所示。

图9-79 "时间线"面板

2.添加文字切换效果

① 分层导入图像。方法:执行菜单中的"文件|导入"(快捷键〈Ctrl+I〉)命令,在弹出的对话框中选择配套光盘中的"素材及结果\9.2 制作配乐诗词效果\分层文字.psd"文件,如图9-80所示,单击"打开"按钮,然后在弹出的"导入分层文件;分层文字"对话框中设置如图9-81所示,单击"确定"按钮,将其导入"项目"面板,如图9-82所示。

图9-80 选择"分层文字.psd"文件

图9-81 设置导入参数

图9-82 "项目"面板

② 添加"图层1/分层1.psd"的视频切换。方法:将"图层1/分层1.psd"拖入"时间线"面板的"视频2"轨道中,入点为00:00:00:00。然后在"效果"面板中展开"视频切换"文件夹,从而选择"擦除"中的"径向划变"视频切换,如图9-83所示。接着将其拖入"时间线"面板"视频2"轨道中的"图层1/分层1.psd"的开始位置,如图9-84所示。

③ 设定"图层1/分层1.psd"视频切换的切换时间。方法:选择"视频2"轨道中的"图层1/1.psd"素材上的"径向划变"视频切换,然后进入"特效控制台"面板,将其"持续时间"设为00:00:03:00即可,如图9-85所示,此时"时间线"面板如图9-86所示。接着在"节目"面板中单击▶按钮,即可看到"图层1/分层1.psd"素材的视频切换效果,如图9-87所示。

图9-83 选择"径向划变"特效　　图9-84 将"径向划变"特效拖入"图层1/分层1.psd"的开始位置

图9-85 设置"径向划变"的持续时间　　　图9-86 "时间线"面板

图9-87 "图层1/分层1.psd"素材的视频切换效果

④ 同理，添加"图层2/分层1.psd"的视频切换和设置切换特效持续时间。方法：将"图层2/分层.psd"拖入"时间线"面板的"视频2"轨道中，入点为00:00:05:00。然后将"效果"面板"视频切换"文件夹中的"擦除"文件夹内的"径向划变"视频切换拖入"时间线"面板"视频2"轨道中的"图层2/分层.psd"的开始位置。接着选择添加的"径向划变"视频切换，然后进入"特效控制台"面板，将其"持续时间"设为00:00:03:00，此时"时间线"面板如图9-88所示。最后在"节目"面板中单击▶按钮，即可看到"图层2/分层.psd"素材的视频切换效果，如图9-89所示。

图9-88　"时间线"面板

图9-89　"图层2/分层1.psd"素材的视频切换效果

3．添加文字遮罩效果

①　从"项目"面板中将"文字1.jpg"拖入"时间线"面板的"视频2"轨道中，入点为00:00:10:00。然后将该素材的持续时间设置00:00:10:00，此时"时间线"面板如图9-90所示，效果如图9-91所示。

图9-90　"时间线"面板　　　　　　　　图9-91　"文字1.jpg"的画面效果

②　制作"文字1.jpg"素材的遮罩。方法：在"效果"面板中展开"视频特效"文件夹，然后选择"键控"中的"颜色键"特效，如图9-92所示。接着将其拖入"时间线"面板中的"文字1.jpg"上。最后进入"特效控制台"面板，将"颜色键"的"主要颜色"设置为白色，如图9-93所示。

③　制作"文字1.jpg"素材由大变小飞入画面的效果。方法：在"时间线"面板中选择"文字1.jpg"素材，然后在"特效控制台"面板中将时间线滑块移动到00:00:11:00的位置。再分别单击"位置"和"缩放比例"前面的 按钮，在此处添加关键帧，并修改参数，如图9-94所示。接着将时间滑块移动到00:00:18:00的位置，分别修改"位置"和"缩放比例"的参数，如

图 9-95 所示。最后在"节目"面板中单击 ▶ 按钮，即可看到"文字 1.jpg"素材由大变小飞入画面的效果，如图 9-96 所示。

图9-92 选择"颜色键"特效

图9-93 将"颜色键"的"主要颜色"设置为白色的效果

图9-94 在00:00:11:00处设置"位置"和"缩放比例"的关键帧

图9-95 在00:00:18:00处设置"位置"和"缩放比例"的关键帧

图9-96 "文字1.jpg"素材由大变小飞入画面的效果

④　从"项目"面板中将"文字 2.jpg"拖入"时间线"面板的"视频 2"轨道中，入点为 00:00:20:00。然后将该素材的持续时间设置 00:00:10:00，此时"时间线"面板如图 9-97 所示，效果如图 9-98 所示。

图9-97　"时间线"面板

图9-98　"文字2.jpg"的画面效果

⑤　制作"文字 2.jpg"素材的遮罩。方法：在"效果"面板中展开"视频特效"文件夹，然后选择"键控"中的"颜色键"特效。接着将其拖入"时间线"面板中的"文字 2.jpg"上。最后进入"特效控制台"面板，将"颜色键"的"主要颜色"设置为白色，如图 9-99 所示。

图9-99　对"文字2.jpg"素材遮罩后的效果

⑥　制作"文字 2.jpg"素材由小变大飞出画面的效果。方法：在"时间线"面板中选择"文字 2.jpg"素材，然后在"特效控制台"面板中将时间线滑块移动到 00:00:22:00 的位置。再分别单击"位置"和"缩放比例"前面的 ◎ 按钮，在此处添加关键帧，并修改参数，如图 9-100 所示。接着将时间滑块移动到 00:00:29:00 的位置，分别修改"位置"和"缩放比例"的参数，如图 9-101 所示。最后在"节目"面板中单击 ▶ 按钮，即可看到"文字 2.jpg"素材由大变小飞出画面的效果，如图 9-102 所示。

图9-100　在00:00:22:00处设置"位置"和"缩放比例"的关键帧

图9-101　在00:00:29:00处设置"位置"和"缩放比例"的关键帧

图9-102　"文字2.jpg"素材由大变小飞出画面的效果

4. 添加片头与背景音乐

目前，这个实例的主体部分已经编辑好，接下来的工作就是运用 Premiere Pro CS4 自带的"通用倒计时片头"为本实例添加一个片头效果，并适当调整倒计时的时间长度。然后利用多种方法制作各个片断之间的淡入和淡出效果。最后给该实例添加音乐效果并输出为影片。

（1）制作"通用倒计时片头"

① 单击"项目"面板下方的 🔲（新建分项）按钮，从弹出的快捷菜单中选择"通用倒计时片头"命令，如图9-103所示，然后在弹出的"新建通用倒计时片头"对话框中设置参数如图9-104所示，单击"确定"按钮。接着在弹出的"通用倒计时片头设置"对话框中保持默认参数，如图9-105

所示，单击"确定"按钮，此时新建的"通用倒计时片头"会自动添加到"项目"面板中，如图 9-106 所示。

图9-103　选择"通用倒计时片头"命令　　图9-104　　"新建通用倒计时片头"对话框

图9-105　　"通用倒计时片头设置"对话框　　　图9-106　　"项目"面板

② 将"项目"面板中的"通用倒计时片头"素材拖到入"素材源"面板中，如图 9-107 所示。然后激活"视频 1"轨道，使之高亮显示，再将时间滑块移动到 00：00：00：00 的位置，如图 9-108 所示，单击"素材源"面板下方的 （插入）按钮，即可将"通用倒计时片头"素材插入"视频 1"轨道。此时"时间线"面板如图 9-109 所示。

图9-107　　"项目"面板　　　　　　图9-108　　将时间滑块定位在00：00：00：0处

图9-109　插入"通用倒计时片头"的"时间线"面板

③　此时所插入的"通用倒计时片头"素材过长，会影响整体效果，下面将倒计时从 10 s 改为 5 s，并从倒数第 5 s 开始开始计时。方法：选择工具条中的 （剃刀工具），然后在"时间线"面板的 00:00:06:00 的位置将"通用倒计时片头"素材断开，如图 9-110 所示。接着选中断开后的"通用倒计时片头"素材的前半部分，右击，从弹出的快捷菜单中选择"波纹删除"命令，将其删除，此时"时间线"面板如图 9-111 所示。最后在"节目"面板中单击▶按钮，即可看到删除"通用倒计时片头"前半部分后的倒计时效果，如图 9-112 所示。

图9-110　在00:00:06:00的位置将"通用倒计时片头"素材断开

图9-111　删除"通用倒计时片头"前半部分后的"时间线"面板

图9-112　删除"通用倒计时片头"前半部分后的倒计时效果

利用"波纹删除"命令删除素材后，其后面的所有素材都会相应的向前移动。如果按键盘上的〈Delete〉键进行直接删除，则后面的所有素材不会相应的向前移动。

（2）制作各个片断之间的淡入和淡出效果

① 制作"通用倒计时片头"素材到主体部分之间的淡入效果。方法：展开"视频 2"，然后选中"视频 2"上的"图层 1/ 分层文字"素材，分别在 00:00:05:00 和 00:00:06:00 的位置单击 （添加 / 删除关键帧）按钮，添加两个关键帧，如图 9-113 所示。接着将 00:00:05:00 向下移动，如图 9-114 所示。

图9-113　在00:00:05:00和00:00:06:00处添加两个透明度关键帧

图9-114　在00:00:05:00处的透明度关键帧向下移动

② 同理，分别在"视频 1"轨道的"图片 001.jpg"素材的 00:00:05:00 和 00:00:06:00 的位置，添加两个关键帧，然后 00:00:05:00 向下移动，此时"时间线"面板如图 9-115 所示。

图9-115　添加"图片001.jpg"素材的透明度关键帧

提示

　　在视频轨道上添加透明度关键帧和在"特效控制台"面板中的"透明度"中添加透明度关键帧是一致的。图9-116为添加在"特效控制台"面板中给"图片001.jpg"素材添加透明度关键帧的显示效果。

图9-116　在"特效控制台"面板中添加"透明度"关键帧

　　③ 在"节目"面板中单击▶按钮，即可看到00:00:05:00 ~ 00:00:06:00之间的淡入效果，如图9-117所示。

图9-117　00:00:05:00~00:00:06:00之间的淡入效果

　　④ 制作"文字1.jpg"的淡入效果。方法：选中"视频2"上的"文字1.jpg"素材，然后分别在00:00:15:00和00:00:16:00的位置单击 （添加/删除关键帧）按钮，添加两个关键帧，接着后将00:00:15:00位置的关键帧向下移动，如图9-118所示。最后在 "节目"面板中单击▶按钮，即可看到00:00:15:00 ~ 00:00:16:00之间的淡入效果，如图9-119所示。

图9-118　在00:00:15:00和00:00:16:00处添加并对透明度关键帧进行处理

图9-119 00:00:15:00~00:00:16:00之间的淡入效果

⑤ 制作最终的文字淡出效果。方法：选中"视频2"上的"文字2.jpg"素材，然后分别在00:00:34:00和00:00:35:00的位置单击 ▼（添加/删除关键帧）按钮，添加两个关键帧，接着将00:00:35:00位置的关键帧向下移动，如图9-120示。最后在 "节目"面板中单击 ▶按钮，即可看到00:00:34:00 ~ 00:00:35:00 之间的淡入效果，如图9-121 所示。

图9-120   在00:00:34:00和00:00:35:00处添加并对透明度关键帧进行处理

图9-121   00:00:34:00~00:00:35:00之间的淡出效果

（3）制作黑场视频效果

在"节目"面板上单击 ▶ 按钮，会发现在 00:00:15:00 和 00:00:25:00 位置上片断转换十分生硬。下面利用"黑场"来解决这个问题。

① 单击"项目"面板下方的 ▣（新建分项）按钮，从弹出的快捷菜单中选择"黑场"命令，如图 9-122 所示，然后在弹出的"新建黑场视频"对话框中设置参数如图 9-123 所示，单击"确定"按钮。此时新建的"黑场"会自动添加到"项目"面板中，如图 9-124 所示。

② 设置黑场的持续时间为 2s。方法：右击"项目"面板中的"黑场"，然后从弹出的快捷菜单中选择"速度/持续时间"命令，接着在弹出的对话框中将时间长度设为 00:00:02:00，如图 9-125 所示。

③ 从"项目"面板中将"黑场"素材拖入"时间线"面板的"视频 3"轨道中，入点为 00:00:09:00，如图 9-126 所示。

图9-122 选择"黑场"命令 图9-123 "新建黑场视频"对话框 图9-124 "项目"面板

图9-125 设置"持续时间" 图9-126 将"黑场"拖入"视频3"轨道中

④ 在"视频 3"轨道中选择"黑场"素材，然后分别在 00:00:09:00、00:00:10:00 和 00:00:11:00 位置添加关键帧，接着将第 00:00:09:00 和 00:00:11:00 位置的关键帧向下移动，如图 9-127 所示。最后在 "节目"面板中单击▶按钮，即可看到 00:00:09:00 ～ 00:00:11:00 之间的淡入淡出效果，如图 9-128 所示。

图9-127 在00:00:09:00～00:00:11:00之间设置"黑场"的透明度

图9-128 在00:00:09:00～00:00:11:00之间"黑场"的淡入淡出效果

⑤　从"项目"面板中将"黑场"素材拖入"时间线"面板的"视频 3"轨道中，入点为 00:00:24:00，然后分别在分别在 00:00:24:00、00:00:25:00 和 00:00:26:00 位置添加关键帧添加 3 个关键帧，接着将 00:00:24:00 和 00:00:26:00 位置的关键帧向下移动，如图 9-129 所示。最后在"节目"面板中单击 ▶ 按钮，即可看到 00:00:24:00 ～ 00:00:26:00 之间的淡入淡出效果，如图 9-130 所示。

图9-129　在00:00:24:00～00:00:26:00之间设置"黑场"的透明度

图9-130　在00:00:09:00～00:00:11:00之间"黑场"的淡入淡出效果

（4）添加背景音乐

①　执行菜单中的"文件 | 导入"命令，导入配套光盘中的"素材及结果\9.2 制作配乐诗词效果 \music.wav"文件。

②　从"项目"面板中将"music.wav"拖入"时间线"面板的"音频 1"轨道中，入点位置为 00:00:00:00，如图 9-131 所示。

图9-131　将"music.wav"拖入"时间线"面板的"音频1"轨道中

③　至此，整个配乐诗词效果制作完毕，下面执行菜单中的"文件 | 导出 | 媒体"命令，将其输出为"配乐唐诗效果.avi"文件。

课 后 练 习

上机题

（1）利用配套光盘中的"素材及结果\课后练习\第9章\练习1\打字声音.wav"文件，制作伴随着声音的打字效果，如图9-132所示。结果可参考配套光盘中的"素材及结果\第8章综合实例\课后练习\练习1\练习1.prproj"文件。

图9-132　练习（1）的效果

（2）利用配套光盘中的"素材及结果\课后练习\第9章\练习2\分层文字.psd"、"music.wav"、"红叶1.jpg"、"红叶2.jpg"、"文字1.jpg"和"文字2.jpg"素材，制作配乐诗词效果，如图9-133所示。结果可参考配套光盘中的"素材及结果\第8章 综合实例\课后练习\练习2\练习2.prproj"文件。

图9-133　练习（2）的效果